Die Zelle

Fritz Kahn

Alpha Editions

This edition published in 2022

ISBN : 9789356704367

Design and Setting By
Alpha Editions
www.alphaedis.com
Email - info@alphaedis.com

Die Zelle

By Fritz Kahn

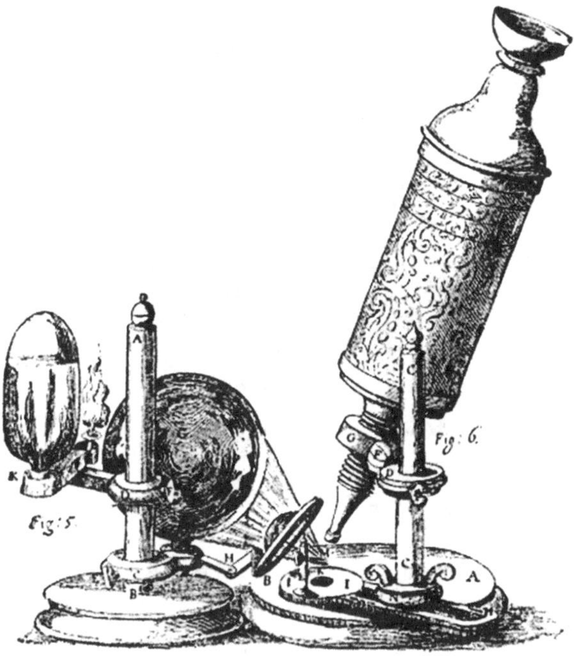

Abb. 1. Mikroskop von Hooke, mit dem dieser Forscher die ersten Zellen beobachtete.

An einem sommerhellen Nachmittag des Jahres 1667 saß der englische Gelehrte Robert H o o k e vor seinem selbstverfertigten Mikroskop und betrachtete durch dieses neu erfundene Instrument allerlei Gegenstände, die er um sich ausgebreitet hatte: kleine Steine, Kiesel und Sandkörnchen, Moose und Flechten, Fliegen, Spinnen und Käfer, und was er unter den Lupen des Wunderapparates ins Riesenhafte vergrößert sah, das malte er getreulich ab, um die Bilder für ein großes Werk zu sammeln, die „Micrographia", die später zu London erschienen ist. Nachdem er etliche Pflänzchen, darunter ein Moosfäserchen und eine zierliche Flechte, beschaut und fein säuberlich gezeichnet hatte, nahm er ein Stück Flaschenkork, schnitt ein dünnes, fast durchsichtiges Scheibchen davon ab und legte es unter die Spitze der langen

Lupenröhre in den Lichtpunkt, den die große gläserne Kugel aus den Strahlen der Mittagssonne auf seinen Beobachtungstisch zusammentrug (Abb. 1). Da sah er, daß der Kork sich aus kleinen Fächern zusammensetzte, die wie Bienenwaben nebeneinanderlagen und die er darum Kämmerchen oder Z e l l e n benannte (Abb. 2).

Abb. 2. Erste Darstellung von Zellen, Korkzellen aus Hookes „Micrographia" 1667.

Der spielerisch forschende Mann des 17. Jahrhunderts ahnte nicht, daß er mit diesem Wort Zelle einen Namen schuf, der die Jahrhunderte nach ihm mit seinem Klang durchhallen sollte, Losungswort für die Wissenschaft, Offenbarung für den Schüler — — Orakel für den Weisen. So wenig wie Kolumbus erkannte Hooke die Größe seiner Entdeckung. Doch nicht weniger war es, was er entdeckte. Es war eine Amerikafahrt des Geistes, und der durchsonnte Mittag, an dem Hooke im Mikroskop das erste Zellsystem erblickte, ist jenes Morgens würdig, da Kolumbus aus dämmernden Meeresnebeln Westindiens Inseln tauchen sah, und jener Nacht verschwistert, in der Galilei in seinem Fernrohr die Welt des Jupiters entdeckte. Ein Morgen, ein Mittag und ein Abend . . . .

Von allen drei Entdeckungen blieb die der Zelle, die nächste und greifbarste, am längsten ungewürdigt. Es liegt in der Natur des Menschen, das Nahe zu übersehen und das Ferne zu überschätzen. In einem rührend edlen

Mischgefühl von Schmerz und Demut ruft Kepler, der Zeitgenosse Hookes und Jünger Galileis, in seinem Kummer über die Verständnislosigkeit der Mitwelt gegenüber seinen großen Entdeckungen in der Planetenwelt: „Darf es mir schwer ankommen, daß die Menschen von meiner Entdeckung nichts wissen wollen? Wenn der allmächtige Gott 6000 Jahre auf einen Menschen gewartet hat, der sieht, was er geschaffen, so kann wohl ich 200 Jahre warten auf den, der versteht, was ich gesehen." Nicht Kepler hätte diese Klage anzustimmen brauchen, wohl aber Hooke. Denn genau 200 Jahre, indes die Keplerschen Entdeckungen längst Gemeingut der gebildeten Welt geworden waren und in Kants „Naturgeschichte des Himmels" ihren idealen Abschluß gefunden hatten, mußte Hooke „warten auf den, der verstand, was er gesehen". Ein deutsches Forscherpaar war es um die Mitte des 19. Jahrhunderts. Nachdem im Jahre 1838 der Botaniker Matthias Schleiden die Zelle als den lebenden Baustein der Pflanze beschrieben hatte, bewies, von ihm angeregt, ein Jahr später der Anatom Theodor Schwann in seiner Abhandlung „Mikroskopische Untersuchungen über die Übereinstimmung in der Struktur und dem Wachstum der Tiere und Pflanzen", daß sich alle Lebewesen ohne Unterschied von der niedersten Pflanze bis zum höchsten Tierkörper aus einzelnen Zellen zusammensetzen, daß jede dieser Zellen ihr eigenes Leben führt und daß diese Zellen als die Lebenseinheiten auf Erden zu betrachten seien. Diese Schrift ist eine der bedeutendsten Erscheinungen des 19. Jahrhunderts. Sie verdient neben Goethes Faust, Humboldts Kosmos, Robert Mayers Mechanik der Wärme, Schopenhauers Welt als Wille und Darwins Ursprung der Arten genannt zu werden. Durch sie war die Zelle, die Robert Hooke vor 200 Jahren zuerst gesehen hatte, wahrhaft entdeckt und als Baustein des Lebens erkannt. Mit ihr bricht für die Lebensforschung das Kopernikanische Zeitalter unserer Tage an.

Die Zelle ist der Baustein des Lebens. Wenn wir ins Tümpelwasser greifen und ein Tröpfchen davon unter dem Mikroskop betrachten, so sehen wir es erfüllt von kleinsten Lebewesen, die wie Mücken in der Sonne umhertanzen, den Aufgußtierchen oder Infusorien. Jedes Tierchen ist eine Zelle. Wir sehen kleine Algen in ihm schwimmen, gepanzert und schimmernd wie Schiffe, erfüllt von grünen Körnern, der köstlichen Sonnenfracht des Lebens, dem Chlorophyll; jede dieser Kieselalgen ist eine Zelle. Daneben sehen wir Kugeln liegen und Keulen, Rechtecke treiben und Fäden, grün und braun und rot, und jedes ist ein Pflänzchen für sich und jedes eine Zelle. Größere Fäden ziehen durch das Feld, Perlschnurketten aus einzelnen Kugeln, grüne Gehänge aus zierlichen Plättchen, Rosetten aus Dutzenden von Fächern, Bälle aus tausend Mosaiksteinchen, große Zellgemeinschaften, Kolonien und Organismen, die das bloße Auge schon erkennt, und jedes Kügelchen und jedes Fach aus ihnen ist ein lebendes Teilchen, ist eine Zelle. Als Schwämme wuchern diese Kolonien über den Boden des Meeres, als Algen treiben sie dahin im Tang der Hochsee, als Korallen steigen sie auf vom Grunde und bilden Bäume und Riffe, Inseln und ganze Gebirge, die zum Himmel steigen, bis sie Gletscher tragen und in ewigem Eise funkeln wie die Dolomiten, die solch aufgetauchte Korallenbänke versiegter Meere sind, Zelle auf Zelle, gehäusebauend, Stein auf Stein, eine Pyramidenstadt des Lebens, von d e s s e n R e i c h t u m nur der tote Stein als schweigendes Denkmal übrig blieb. Der Polyp, der sich auf diesen Korallen festsetzt, der Wurm, der sich durch ihre Äste schlängelt, die Qualle, die über sie hintreibt, sind Röhren und Glocken, zusammengesetzt aus einzelnen Zellen. Der Fisch ist ein Riesenschiff aus Zellen, der Grashalm ein Eiffelturm von Zellen, der Schmetterling ein Zellenaeroplan, der, mit feinsten Apparaten ausgestattet, durch die Lüfte segelt, die Schwalbe ein Luftschiff, der Elefant ein gewaltiger romanischer Dom, dessen Gigantenbau aus Milliarden Zellensteinen zusammengesetzt ist.

Solch ein Riesengebäude aus Zellen ist auch der Mensch. Wenn man auf die Haut seines Handrückens schaut, so sieht man auf eine Decke von Zellen, wie man aus einem Luftschiff auf das Straßenpflaster einer Stadt hinabsieht. So wenig der Luftschiffer die einzelnen Steine erkennt, weil die Entfernung im Verhältnis zur Größe der Steine zu groß ist, ebensowenig kann man aus der Höhe des Angesichts die winzigen Einzelzellen wahrnehmen. Um sie zu erkennen, muß sie das Auge aus nächster Nähe betrachten. Ein Apparat, kleinste Gegenstände aus allernächster Nähe zu betrachten, ist das Mikroskop. Mit seinen Linsen, unseren Augenlinsen entsprechend, kann man sich den Dingen bis auf Bruchteile eines Millimeters nähern, ohne daß der Blick sich trübt, und sieht sie dann 100- und 1000mal größer als aus der Meterferne des unbewaffneten Auges. Mit einem solchen Apparat aus nächster Nähe betrachtet, gewinnt der Körper ein wunderliches Aussehen (Abb. 3, Tafel I).

Wir schauen auf die Haut und sehen, daß sie aus Zellen zusammengesetzt ist, genau wie das Straßenpflaster unserer Städte aus einzelnen Steinen, 100 Zellen in jedem der kleinen Drei- und Vierecke der zierlichen Zeichnung. Die Haare, die aus ihr hervorstehen, sind Türme, aus Zellen aufgerichtet wie die Schornsteine aus Steinen, und in die Haut gemauert wie diese ins Erdreich. Der Nagel vorn auf dem Finger ist eine Schutzplatte, aus Tausenden von Zellen zusammengesetzt wie der Boden einer Fliesenhalle aus Schieferplatten. Bauen wir die Haartürme ab und reißen das Straßenpflaster der Haut auf, so sehen wir darunter das Fett, mit dem Mikroskop beschaut, ein Lager von Millionen glänzender Kugeln, wie die ausgebreiteten Perlenhaufen in den Wunderhöhlen aus 1001 Nacht, und jede Perle ist ein Fettkügelchen, eine Fettzelle. Wir räumen sie hinweg, und unter dem Perlenlager leuchtet uns das Scharlach des Fleisches entgegen. Faser reiht sich an Faser. Wir zupfen sie auseinander, bis wir sie in feinste

Fäserchen, zarter als Spinnenwebe, zerzaust haben, und erkennen jedes Fäserchen als eine langgestreckte Zelle. Unter dem leuchtenden Rot des Fleisches schimmert das Marmorweiß des Beines. Wir brechen den steinernen Knochen auf und erkennen ihn als ein Mauerwerk aus unzähligen Kalksteinen, und jeder Stein ist das verkalkte Gehäuse einer in ihm lebenden Zelle. Dann schälen wir das feuchte Mark aus ihm und untersuchen es unter dem Mikroskop. Zellen liegen am Grund seiner Flüssigkeit, rund und grau und gelb und zahllos wie die Steine im Bett eines Flusses.

Nun lassen wir das Blut aus den Adern fließen und finden in ihm Myriaden von Kügelchen, die in ihm dahinschwimmen wie Erbsen in einem Bach, die roten Blutkörperchen, jedes eine Zelle. Die Adern selbst erweisen sich als Röhren, die wie unsere Gartenschläuche aus Gummifasern gewoben sind, und diese Fasern sind Zellen. Der Darmkanal ist ein gewaltiges unterirdisches Stadtrohr, dessen Wände wie die unserer städtischen Kanäle aus einzelnen Backsteinen, den Darmzellen, zusammengemauert sind. Die Leber enthüllt sich unter den Lupen als eine Zellpyramide, durchbohrt von Gängen und aus Zellquadern gebaut wie die steinernen Pyramiden der Pharaonen. Das Auge ist eine Camera obscura, deren Wände tapeziert und prachtvoll gemustert sind, und jedes Muster ist zusammengestellt aus einem Mosaik von Zellen. Das Ohr ist ein Klavier mit Saiten, Tasten und Klöppeln, und jede Saite, jede Taste, jeder Klöppel ist eine Zelle. So nehmen wir den ganzen Menschen auseinander, und schließlich bleibt nichts übrig als das Gehirn, dieses feine Gewebe aus Nervenfasern und Nervenknoten, und wir verzupfen es vorsichtig. Jedes Knötchen ist eine Zelle, und jedes Fädchen eine Zellenfaser, und wir knüpfen das Gewebe auf und legen die Hirnzellen zu den übrigen, und siehe da, nun ist unter unseren Händen nichts mehr übrig vom ganzen Menschen, drüben aber liegt ein großer Haufen von Millionen kleiner Bausteine und Fäden, und jeder von ihnen ist eine Zelle. Der Mensch ist, wie jedes Lebewesen, ein Zellengebäude.

Kein Forschungsergebnis hat das Wesen der Geschöpfe so enthüllt und vereinfacht wie die Entdeckung der Zelle. Wie hilflos steht man vor dem verworrenen Gebäude des Tier- und Pflanzenkörpers, wenn man ihn ohne Kenntnis seines Zellenbaues mit Menschenaugen als eine Maschinerie von Knochen, Muskeln, Adern, Nerven und Gedärmen betrachtet, ein Labyrinth, in dem keines Forschers Fuß den Weg der Wahrheit finden konnte, und wie wunderbar entwirkt sich diese Wirrnis unter den Linsen des Mikroskops als eine Zusammenstellung aus einzelnen gleichen Lebenseinheiten, einzelnen Zellen. Wie verschieden mußten doch unseren Vorfahren die Geschöpfe erscheinen, die sie nur als ein Ganzes betrachten konnten, der Wurm, die Rose, der Fisch, die Schwalbe, der Mensch, und wie gleich erscheinen sie uns, die wir sie alle aus den gleichen Zellen, nur in verschiedener Bauart, wie die Gebäude einer Stadt, zusammengesetzt finden, nicht verschiedener im

Wesen als die Kathedrale vom Bahnhof, das Theater vom Wohnhaus, die Brücke vom Stadttor, — — Gebäude einer Technik und einer Gemeinschaft, die Wohnstätten des Lebens in der hochgebauten Stadt der Schöpfung.

Um die Zelle als Naturerscheinung zu verstehen, muß man weit zurückgreifen in die Vergangenheit der Erdgeschichte, bis in jene unerforschlichen Urzeiten, in denen sich aus dem Chaos der niederen Elemente das erste Leben schüchtern regte. Nie wird eines Sterblichen Auge, auch mit kühnstem Geistesblicke nicht, die Wirklichkeit jener Geburtsstunde unseres Daseins klar vor Augen sehen. Nur träumen kann sie sich die Phantasie des Forschers.

Im Anfang war die Erde wüst und leer. Wahrscheinlich befand sie sich zuerst in einem feuergasigen Zustande, wie heute die Sonne, und kühlte sich allmählich ab. Hierdurch sammelten sich, ihrer Schwere folgend, die gasigen Elemente immer dichter um den Mittelpunkt des Planeten, zuerst die schwersten, die wahrscheinlich heute einen festen Kern zusammengepreßten Gases bilden, um sie die leichteren, die sich der Reihe nach aus dem Gaszustand in den dampfförmigen, aus diesem in den flüssigen und aus dem flüssigen in den festen niederschlugen. So mag das Eisen in der Urzeit in glühenden Nebeln sich gesenkt und dann Meere flüssigen Erzes gebildet haben; Inseln leichterer Metalle schwammen in ihm, bis sie im Magma der schweren Flut haften blieben. Eisberge von Silizium mögen in Kristallgebirgen gegen den Himmel geragt haben; Kalium und Natrium lohten in Vulkanen durch die Nacht; glühende Wolken grünlichten Phosphors schwebten phantastisch über die Horizonte der Dämmerung. Schließlich senkten auch diese leichteren Elemente sich als Nebel und Reif über die erstarrten Meere und metallenen Seen. Kalium und Natrium, Magnesium und Kalzium, Phosphor und Schwefel, Silizium und Aluminium schichteten sich über die erkalteten Riffe von Erz und decken sie heute als Granit und Gneis, Basalt und Schiefer, Porphyr, Sand und Ackererde. Über ihnen schweben noch jetzt als Gase die letzten leichten Elemente, Kohlenstoff, Wasserstoff, Sauerstoff und Stickstoff. Auch sie sind im Begriff, sich niederzuschlagen und so den millionenjährigen Prozeß der Erderstarrung zu vollenden. Schon ist ein beträchtlicher Teil ihrer Masse von den niedergegangenen Metallen gebunden und im Boden zu Stein geworden; Wasserstoff und Sauerstoff haben sich vereint zu Wasser, das durch die verschiedenen gasigen, flüssigen und festen Zustände dahinschwingt als Wasserdampf und Wolke, Regen, Schnee und Eis und uns so in Wandel und Verwandlung das imposante Schauspiel des Niederschlags der Elemente vorführt, ein tägliches memento mori des Planetenlebens.

Das Schauspiel nähert sich seinem tragischen Ende. Aber gerade der 4. Akt ist der Höhepunkt der Handlung. Je tiefere Temperaturen nämlich die

Elemente bei diesem Abkühlungsprozeß erreicht haben, um so zahlreichere und innigere Verbindungen gehen sie untereinander ein, und gerade die gemäßigte Temperatur der Gegenwart ist die goldene Zeit der Verschwisterung und Entbindung, des Wandels und der Verwandlung der Stoffe und Kräfte. Während in den glühenden Gasen die Atome einzeln hin und her schwingen, verketten sie sich bei Abkühlung in Dämpfen und Flüssigkeiten zu Atomverbänden, den Molekülen, und die Moleküle verbinden sich bei weiterem Temperaturabfall zu chemischen Verbindungen. Und gerade jene vier Elemente, die heute, im Begriff sich niederzuschlagen, die Oberfläche des Planeten als Ackerkrume, Wasser und Luft bedecken, der Kohlenstoff, Wasserstoff, Sauerstoff und Stickstoff besitzen in höchstem Maß Fähigkeit und Neigung, Verbindungen unter sich und mit anderen Elementen einzugehen. Der Kohlenstoff vor allem hat durch seine einzigartige Fähigkeit, nicht nur einzelne chemische Körper zu bilden, sondern diese wiederum zu verketten und so im lebendigen Einmaleins ganze Reihen von immer höheren chemischen Verbindungen zusammenzustellen, eine derartige Fülle neuartiger und beweglicher Stoffe hervorgebracht, daß man die heutige irdische Welt geradezu als eine Kohlenstoffwelt bezeichnet hat. In dieser sind drei große Reihen von chemischen Körpern für die Entstehung des Lebens bedeutsam geworden. Aus dem Grubengas Methan bildeten sich durch Verkettung der Moleküle auf der einen Seite die Alkohole (Spiritus, Glyzerin), auf der anderen die Säuren (Fettsäuren); durch die Verkettung des Glyzerins mit den Fettsäuren entstanden die F e t t e. Durch Anschluß von Phosphorverbindungen an diese traten die hochbedeutsamen P h o s p h o r f e t t e, wie das Lezithin, auf. Aus den Fettsäuren bildeten sich durch Aufnahme von Ammoniak die Ammoniak- oder kurzweg Aminosäuren und durch Verkettung dieser als zweite Gruppe die E i w e i ß k ö r p e r. Als dritte Gruppe gingen aus der Kohlensäure die Zucker- und Stärkestoffe, die K o h l e n h y d r a t e, hervor, zuerst die niederen, Zucker, dann die höheren, wie der Traubenzucker, und aus diesen durch Verkettung als höchste Kohlenhydrate, die Dextrine, Stärken und Zellulosen.

Heute bilden sich diese höheren Kohlenstoffverbindungen, die Fette, Eiweißkörper und Kohlenhydrate, unseres Wissens nicht mehr frei in der toten Natur, sondern nur noch im Leib der lebenden Geschöpfe: die Bedingungen auf Erden haben sich völlig verändert. Aber wir müssen mit Bestimmtheit annehmen, daß sich einst unter ganz anderen Umständen der Wärme- und Stoffverhältnisse diese hohen Verbindungen im Lauf unvorstellbarer Zeiträume und unausdenklicher Geschehnisse stufenweise aus niederen Verbindungen gebildet haben. Wir müssen diese Entwicklung, deren Einzelheiten wir uns heute nicht mehr auszumalen vermögen, auf Grund aller Erfahrungen und Vernunftschlüsse ebenso notwendig als ein historisches Geschehnis voraussetzen wie die mechanische Entstehung des Sonnensystems oder der Wasserfälle, Gewitter und Vulkane.

Nachdem sich so aus den Gasen die Dämpfe, aus den Dämpfen die Flüssigkeiten und aus diesen die festen Körper und damit aus den Elementen die Verbindungen, aus den niederen Verbindungen die höheren und aus den Kohlenstoffverbindungen als höchste, die Fette, Eiweißstoffe und Kohlenhydrate gebildet hatten, was war nun natürlicher, als daß die Weltentwicklung auf diesem Weg der Sammlung folgerichtig weiterschritt? Daß nun auch diese höchsten chemischen Stoffe, die Fette und die Phosphorfette, die Eiweißkörper, die Zucker und Stärkestoffe, sich wieder zusammensetzten und eine noch größere, noch höhere, feinere und fähigere Organisation von Molekülen aufbauten? Diese Organisation der höchsten Kohlenstoffverbindungen, der Eiweißkörper, Fette und Kohlenhydrate mit dem salzhaltigen Meerwasser und einer Reihe niederer Verbindungen ergab ein ganz neues Gebilde mit Eigenschaften und Fähigkeiten, wie sie bisher in der Natur kein anderer Stoff vereinigt hatte; es entstand das P l a s m a, ein Stoffgebilde, das lebte. Das L e b e n auf Erden war geboren.

Das Plasma ist keine chemische Verbindung wie Schwefelsäure, Fett oder Eiweiß, es ist auch kein Gemisch von Stoffen, sondern ein S y s t e m höchster chemischer Verbindungen mit einer Reihe von niederen Körpern. Das Wort Stoff, schon viel zu grob für das feingegliederte Molekülsystem eines Phosphorfettes oder höheren Eiweißkörpers, ist für das Plasma so unangebracht, als wollte man das Sonnensystem einen Stoff benennen. Das Plasma ist ein System, eine Organisation. Da es ein Gebilde ist, das gleich dem Sonnensystem durch Verkettung bewegter Teile entstanden ist und sich genau wie dieses in dauernder innerer Bewegung befindet, so kann man es als einen Mechanismus bezeichnen. Das Plasma ist ein dauernd bewegter chemischer Mechanismus. Die Gesamtheit seiner Bewegungen bezeichnen wir als Leben.

Atome und Moleküle sind zu klein, als daß wir ihre Organisation erkennen könnten. Die Organisation der Moleküle zu Plasma dagegen ist so groß, daß wir sie unter dem Mikroskop wahrnehmen können. D i e s e ä u ß e r l i c h s i c h t b a r e G e s t a l t d e r O r g a n i s a t i o n P l a s m a i s t d i e Z e l l e . Die Zelle ist eine Plasmamaschinerie, deren Lauf das Leben ist. So wenig man andere Maschinerien, etwa Taschenuhren oder Lokomotiven, pfundweise oder nach Metern berechnet, so wenig kann man Plasma in beliebigen Mengen, wie etwa Schwefelsäure oder Eiweiß, finden, sondern, wo Plasma auftaucht, sehen wir es, wie alle Maschinerien, in fest umgrenzten einzelnen Gebilden. Diese Gebilde sind die Zellen. Nur Plasma kann leben; und da alles Plasma nur als Zelle auftritt, so ist alles Leben an einzelne kleine, abgegrenzte Zellen gebunden. Alles Leben ist Zellleben. Alle größeren lebenden Gebilde müssen sich aus einzelnen kleinen, für sich lebenden Zellen zusammensetzen.

Die einfachste und niederste Form der Zellen sehen wir in der heutigen Welt als Urtiere oder Amöben leben. In jeder Straßengosse, jedem Tümpelgrund, in der feuchten Gartenerde, im trüb gewordenen Wasser der Blumenvase findet man mühelos diese Amöben. Sie sind so groß, daß man sie mit unbewaffnetem Auge in günstiger Belichtung eben als kleinste Pünktchen wahrnehmen kann. Unter gewissen Umständen fließen manche Arten von Amöben zusammen und bilden dann greifbare Massen einfachsten Plasmas, die für Untersuchungszwecke ein dankbares Material darstellen. So entwickeln sich auf der braunen Lohe, die beim Gerben des Leders abfällt, namentlich zur Frühlingszeit gewisse Amöbenarten, die zusammenfließen und dann in buttergelben Massen als Lohblüte sich dahinwälzen. Diese Lohblüte kann man in einem Glase zwischen faulenden Blättern wochenlang am Leben erhalten und beobachten. Der bekannte Botaniker Reinke stellte an dieser Lohblüte seine Untersuchungen über die chemische Natur des Plasmas an, und es gelang ihm, aus dem eingetrockneten Plasma dieses einfachsten Lebewesens der Welt folgende Verbindungen herauszulesen:

- Wasser
- Kochsalz
- Kohlensaurer Kalk
- Kohlensaures Ammonium
- Phosphorsaures Kalium
- Phosphorsaures Kalzium
- Phosphorsaures Eisen
- Phosphorsaure Ammoniakmagnesia
- Glyzerin
- Freie Kohlenstoffsäuren
- Kalzium gebund. an niedere Kohlenstoffsäuren
- Kalzium gebund. an höhere Kohlenstoffsäuren
- Lezithin
- Xanthin
- Cholesterin
- Harze

- Farbstoffe
- Traubenzucker
- Aminosäuren
- Verkettete Aminosäuren
- Muskeleiweiß
- Dottereiweiß
- Kerneiweiß
- Unbestimmbare Substanzen 5%.

Welch eine Fülle kompliziertester Stoffe! Welch eine Welt chemischer Verbindungen im Leib des einfachsten aller Lebewesen! Wer nur einmal diese Reihe der Plasmastoffe an seinem Auge vorüberziehen ließ, wird für alle Zeit befreit sein von dem Irrtum, daß das Plasma eine chemische Verbindung sei, er wird es nie mehr, wie es fast allgemein geschieht, mit Eiweiß verwechseln und der eingewurzelten Irrlehre huldigen, Eiweiß könne leben. Es gibt kein „lebendes Eiweiß"! Mit demselben Recht könnte man behaupten, das Eisen könne laufen, weil man aus Eisen Maschinen baut. Eiweiß ist einer der Rohstoffe für das Plasma, wie das Eisen der unserer Maschinen ist. Eiweiß verhält sich zu Plasma wie ein Stahlblock zu einer Schnellzugslokomotive.

Trotz ihrer imposanten Zahl sind die aufgeführten Stoffe nur die kümmerlichen Bruchstücke der zerstörten Maschinerie. Ihre wahren Verbindungen im Innern des Plasmas, ihre gegenseitigen Verknüpfungen und Beziehungen zum Ablauf des Lebens sind uns fast völlig unbekannt. Durch die chemische Untersuchung ist das Wesen des Plasmas überhaupt nicht zu ergründen, denn nicht in seinen Stoffen, sondern in seinem Gefüge liegen Macht und Geheimnis des Plasmas verborgen. Das Plasma ist eine Organisation, eine Maschinerie, und indem man bei der chemischen Zerstückelung das Gefüge des Plasmas zerstört, vernichtet man auch das Geheimnis seines Wesens. Das lebende unversehrte und das vom Chemiker gewaltsam abgetötete Plasma sind so verschieden, wie ein sprühendes und glühendes Feuerwerk und die Pulverasche und Papierfetzen, die nach seinem Abbrennen übrig bleiben, wie ein bunt bewegtes Theaterstück und die Kulissen und Kostüme, die nach der Vorstellung auf der Bühne herumliegen. Wer aus Tiegeln und Retorten das Geheimnis des Lebens ergründen will, gleicht einem Wilden, der das Rätsel der daherfauchenden Lokomotive zu lösen sucht und sie einschmilzt, um aus den Schlacken die Mechanik ihres Laufes zu lesen. Gäbe es die Geisterwelt der Dichter, so müßte dem Forscher, der im Kolben dieses Plasma zerkocht, um das Lebensrätsel zu lösen, wie weiland Faust der Lebensgeist erscheinen und sich von neuem das unsterbliche Zwiegespräch entspinnen:

Geist: In Lebensfluten, in Tatensturm,

Wall' ich auf und ab,

Webe hin und her!

Geburt und Grab,

Ein ewig Meer,

Ein wechselnd Weben,

Ein glühend Leben,

So schaff' ich am sausenden Webstuhl der Zeit

Und wirke der Gottheit lebendiges Kleid.

Forscher: Der du die weite Welt umschweifst,

Geschäft'ger Geist, wie nah' fühl' ich mich dir!

Geist: Du gleichst dem Geist, den du begreifst,

Nicht mir! (Verschwindet.)

Nicht mit rauher Barbarenhand dürfen wir einbrechen in die heilige Maschinerie des Lebens. In achtungsvoller Ferne müssen wir vor dem Plasma stehen bleiben und es wie eine Feinmechanik betrachten, die man unter einer Glasglocke laufen sieht.

Dem unbewaffneten Auge bietet das Plasma keine Besonderheiten. Es gibt kein zweites Ding auf Erden, das mit solchem Recht auf Stolz so bescheiden auftritt wie das Plasma. Eine gelblichgraue, zuweilen feinkörnige Schleimmasse ohne bestimmten Charakter der Form und Farbe — mehr sieht das grobe Menschenauge nicht vom edelsten Gefüge der Welt. Durch seinen überwiegenden Gehalt an schwerflüssigen Eiweißstoffen, Fetten, Zucker- und Stärkelösungen ist das Plasma halbflüssig, festflüssig; es ist weder fest noch flüssig, es ist beides. Es ist gerade so fest, daß es seine jeweilige Form behalten, und ebenso flüssig, daß es sie jeweils verändern kann. Es ist „plastisch"; und dieser Eigenschaft, alle Formen anzunehmen, zu bewahren oder zu verändern, verdankt es seinen Namen Plasma, Bildungsstoff, oder Protoplasma, Urbildungsstoff.

—

Untersuchen wir in der Hoffnung, näheres über seinen Bau zu erfahren, Plasma unter dem Mikroskop, so wird unsere Enttäuschung in keiner Weise gemindert. Auch hier sehen wir selbst bei tausendfacher Vergrößerung kaum mehr als eine trübe, bald mit Körnchen, bald mit Fäserchen oder Bläschen durchsetzte Gallerte. Unendlich viel ist über den feineren Bau des Plasmas geforscht worden. Generationen von Gelehrten haben, bewaffnet mit allen Mitteln der modernen Optik und Beleuchtungstechnik, in Rieseninstituten ihr Leben über Mikroskopen feinster Konstruktion zugebracht, haben wahre Leuchtturmscheine in die Tiefe dieses grauen Meeres gerichtet und sich die Augen trüb gesehen, haben es, als dies nichts fruchtete, mit den feinsten Farben der Welt nach allen Methoden gefärbt, mit den schärfsten Messern bis zu Scheiben von $^{1}/_{100}$ Millimeter Feinheit geschnitten, es mit allen Säuren, Laugen und Lösungen zersetzt, im Ultramikroskop bei 5000facher Vergrößerung beobachtet, mit den besten photographischen Apparaten photographiert und die Photographien vergrößert, mit Stereoskopen betrachtet und kinematographisch verfolgt — und haben sein Geheimnis nicht an den Tag gezogen.

„Geheimnisvoll am lichten TagLäßt sich Natur des Schleiers nicht berauben,Und was sie deinem Blick nicht offenbaren mag,Das zwingst du ihr nicht ab mit Hebeln und mit Schrauben."

Niemand weiß Genaues über den Bau des Plasmas. Da aber jeder sich von ihm ein Bild zu machen sucht und dieses je nach seiner Augenschärfe, seinen zufälligen Erfahrungen, seiner Phantasie und seinen allgemeinen wissenschaftlichen Anschauungen verschieden ausfällt, so vertritt fast jeder Forscher eine eigene Plasmatheorie.

Nach der ältesten Ansicht, die in den 80er Jahren von A l t m a n n vorgetragen wurde, soll das Plasma aus einer schleimigen Grundsubstanz bestehen, in der als die eigentlich lebenden Teile winzige Körnchen eingebettet liegen, die wie Bakterien in ihrer nährenden Grundmasse leben und sich vermehren (Körner- oder Granulatheorie) (Abb. 4a, Tafel II).

Fast zur selben Zeit trat der bahnbrechende Plasmaforscher F l e m m i n g mit der Fadentheorie auf den Plan, in der er an Stelle der Körnchen Fäden als die eigentlichen Grundteile des Plasmas annahm (Abb. 4b, Tafel II).

An die Fadentheorie knüpfte der berühmte Forscher P f l ü g e r an, der sich das Plasma als ein Gewebe von kettenartig aneinandergereihten Molekülen vorstellte, zwischen denen Flüssigkeiten kreisen. Ähnlich dachte es sich der Botaniker N a e g e l i als ein Mosaik von kristallartig angeordneten Molekülgruppen. Der französische Forscher K ü n s t l e r wollte sogar bei stärkster Vergrößerung diese Ketten und Mosaiken gesehen haben und beschrieb das Plasma als ein Wundergewebe der herrlichsten Ornamente, als einen Teppich des Lebens, dessen lebendige Bilder bald aus der Tiefe steigen, bald in die Tiefe versinken, ineinanderfließen und sich verstricken, wieder entwirken und so wie die Farbenbuntheit eines Kaleidoskops an dem gebannten Auge des Bewunderers vorüberziehen (Abb. 4c, Tafel II).

Künstler wurde in seinen Schilderungen noch übertrumpft von seinem Landsmann F a y o d. Künstler sah hinab in eine still fließende Pracht, Fayod schaute in die Tiefe eines Leben gebärenden Chaos. Er sah im Plasma Wirbel und Spiralen, Bänder und Fäden, Schrauben und Kreise, die sich wie Würmer, wie Schlangen durcheinanderwanden, und je tiefer er hinabsah, um so mehr Ringe und Spiralen tauchten aus der Tiefe hervor, und jedes einzelne Band war geflochten aus gesponnenen Fäden, und jeder Faden war wieder gewunden aus einzelnen Schnüren, und im Halbdunkel der Lichtgrenze lösten sich diese Schnüre auf in Punkte, Pünktchen an der Grenze des Unsichtbaren, wie die Sonnenwelten der Milchstraße im grauen Dämmerkreis des weltalldurchdringenden Fernrohrs. Wie die Arabesken an den Wänden der Zauberschlösser aus 1001 Nacht muten diese Bilder aus den Tiefen des Lebens an. Sind sie Wahrheit oder Märchen? Wundergebilde aus dem Formenschatz der Natur oder Ausgeburten romanischer Forscherphantasie? (Abb. 4d, Tafel II).

Über all diese Augen- und Hirngespinste hat in den neunziger Jahren die auf eingehende Untersuchungen fußende Waben- oder Schaumtheorie B ü t s c h l i s den Sieg davongetragen. Nach Bütschlis Ansicht ist das Plasma ein mikroskopischer Schaum, der sich, wie der Bierschaum aus Luft und Bier, aus zwei verschiedenen Gruppen von Stoffen zusammensetzt: aus den schwerflüssigen Eiweiß-, Stärke- und Fettverbindungen, die die Wände der Schaumkammern bilden (entsprechend dem Bier), und den leichtflüssigen Säure-, Zucker-, Salz- und Seifenlösungen, die diese Schaumkammern ausfüllen (entsprechend der Luft). Bütschli erzeugte mit Olivenöl und Seifenwasser mikroskopisch feine Schäume, die mit dem Plasma vieler Zellen eine solche Ähnlichkeit besitzen, daß man sie nicht voneinander unterscheiden kann (Abb. 5).

Das Plasma ein Schaum! Der große, stolze Mensch — ein Schaumgebilde!

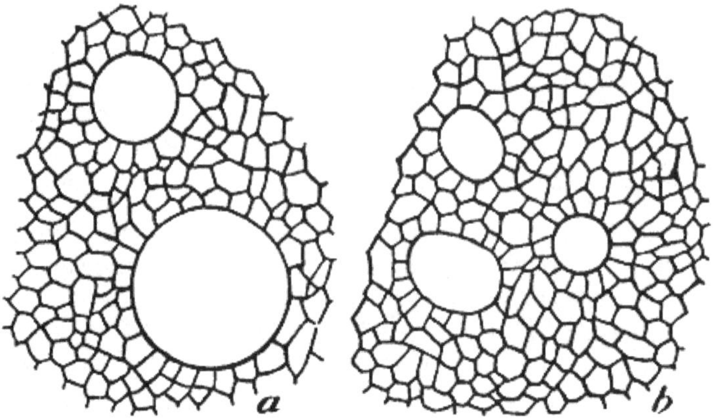

Abb. 5. Ölseifenschaum und Plasma (nach Bütschli).

Die Schaumtheorie Bütschlis ist nicht nur theoretisch und durch den Augenschein gut begründet, sondern vermag auch, wie keine andere, die zahlreichen, so wechselnden Erscheinungen im Anblick des Plasmas zu erklären. Entsprechend der Unzahl der chemischen Verbindungen des Plasmas sind die Tröpfchen und Waben mit verschiedenen Stoffen erfüllt, gibt es im Plasma Säure-, Alkohol-, Fett-, Phosphorfett-, Aminosäure-, Eiweiß-, Zucker-, Stärke-, Salz- und Seifentröpfchen und -waben, die durch die wechselnde Zahl und Zusammenstellung die unendliche Artenfülle des Plasmas in den einzelnen Pflanzen und Tieren, Geweben und Organen hervorrufen und das jeweilige Auftreten von feinen oder gröberen Punkten, von Linien, Schollen, Mosaiken, Fäden und die oft entzückend harmonischen Felderungen im Innern des Plasmas bewirken (Abb. 4e, Tafel II).

Dieser chemische Reichtum kommt aber erst durch die physikalischen Eigenschaften des Schaums zu lebendiger Entfaltung. Als chemisches Gemenge wäre er ein Hexensabbat von Chemikalien. Durch die physikalische Anordnung zu Schaum wird die Fülle zum planvoll wirkenden Getriebe. Jedes Kügelchen und jede Kammer im Innern des Plasmas bildet eine kleine Werkstatt des Lebens, die, von der Außenwelt abgeschlossen, in sich und für sich lebt und wirkt. Wie Planeten mit ihren Wolken, Meeren und Bewohnern ungestört umeinanderkreisen und alle gemeinsam das bewegte Sonnensystem bilden, so schweben die Fett-, Eiweiß-, Zucker-, Stärke-, Salz- und Seifenkügelchen im Plasma als die Planetenwelt des Lebens ungehindert im Verein. Wo sie sich berühren, schließen sie sich durch ihre Kammerwände streng voneinander ab. Zwischen ihnen fließen die Lösungen der niederen Stoffe, und jede Kammer und jedes Tröpfchen nimmt aus ihnen diejenigen Stoffe in sich auf, die seinem Inhalt chemisch verwandt sind. Die eine

Wabenwand ist für Salzlösungen durchlässig und häuft die Salze in sich an. Eine andere läßt Zuckermoleküle ein und setzt aus ihnen Stärke zusammen. Eine dritte baut aus Aminosäuren Eiweiß, eine vierte aus Fettsäuren und Natrium Seife. So führt jedes Kämmerchen im Schaumpalast des Lebens unbekümmert um den Wechsel und Wandel umher ein durch seinen Bau vorgeschriebenes, zwar beschränktes, aber harmonisch abgestimmtes Dasein, jedes ein schaffendes Glied in der lebendigen Kette des Lebens. Nur wer sich so im Rahmen der Wabentheorie das Innenleben des Plasmas in einer einzigen Zelle als das Zusammen- und Nebenspiel von vieltausend chemisch-physikalischen Vorgängen in einem Miniaturwabwerk von vielleicht 20 000 Kügelchen und Kämmerchen zur Vorstellung zu bringen sucht, jede Zelle vor sich sieht als eine chemische Fabrik mit tausend abgeschlossenen geschäftigen Laboratorien, nur der naht sich dem Problem des Lebens mit jenem Bewußtsein seiner Tiefe und Verschränktheit, das diese in des Wortes wahrstem Sinne wundervollste Naturerscheinung von jedem verlangt, der nicht vergeblich an den Pforten seines Geheimnisses klopfen will.

Die äußere Form, in der das Plasma auftritt, ist die Zelle. Die einfachste Zelle der heutigen Lebewelt ist die Amöbe, nichts anderes als ein mikroskopisch kleines Tröpfchen grau gekörnten Plasmas. Sie besitzt noch keine feste Gestalt, sondern wälzt sich unter dauernder Veränderung ihrer Form wie ein hinfließender Teig über den feuchten Grund. Hinwälzende Bewegung, Empfindung, Nahrungsaufnahme, Wachstum und Fortpflanzung durch Teilung ihrer Masse sind die auffallendsten Äußerungen ihres primitiven Lebens (Abb. 6, Tafel II).

Als eine Art Amöbe müssen wir uns auch das Urtier der Vorzeit, die Stammform aller späteren Zellen und Geschöpfe, denken. Aus ihr entwickelten sich die höheren Formen durch das Prinzip der Arbeitsteilung. Wälzt sich der Plasmatropfen hin, so bewegen sich die Außenteile der Kugel stärker als die der Mitte, so wie der Umfang eines bewegten Rades sich rascher dreht als seine Achse. Trifft das Urtier ein Reiz der Außenwelt, etwa der Anstoß eines Steines oder die Kälte einer Strömung, so empfinden wieder die Außenteile die Wirkung stärker als die der Mitte. Demgemäß mußten nach dem bekannten Lebensgesetz, daß durch Gebrauch die Organe erstarken, wie die Muskeln des Turners, durch Nichtgebrauch dagegen verkümmern, wie die Zehen des Kulturmenschen, von Urbeginn an sich im Plasma der Zelle Bewegungs- und Empfindungsfähigkeit in den Randteilen stärker entwickeln als in den Innenbezirken. In diese ruhende Mitte dagegen wandern die aufgenommenen Nahrungsstoffe und werden hier durch chemische Säfte verdaut, so daß die Mitte der Zelle zum chemischen Zentrum wird, während die bewegten und empfindenden Außenteile nur wenig zur Entfaltung ihrer Verdauungskräfte gelangen und diese folglich in ihnen allmählich verkümmern. Ebenso sammeln sich alle übrigen der Bewegung hinderlichen Bestandteile aus den Außenbezirken der Zelle in ihrer Mitte an, so vor allem die kostbaren Stoffe der Vererbung, und bilden hier eine Anhäufung, einen Kern.

Durch diese verschiedene Ausbildung der einzelnen Bezirke und die Ansammlung gewisser Stoffe an bestimmten Stellen gliedert sich die Amöbenzelle, organisiert sich der Zellenleib. An manchen niederen Zellarten kann man diesen Vorgang der Organisation, der sich in der Vorzeit im Lauf von vielen Jahrmillionen allmählich vollzogen haben wird, unmittelbar beobachten. Die meisten Bakterien besitzen, wie die Uramöbe, ein durch die ganze Zelle gleichförmig gestaltetes Plasma. Bei manchen von ihnen sieht man nun, wie sich in Zeiten höchster Lebensentfaltung, namentlich zur Zeit der Fortpflanzung, die bis dahin durch das ganze Plasma gleichmäßig verstreuten Körnermassen in der Zellmitte sammeln und hier eine dunkle Anhäufung, einen Zellkern, bilden (Abb. 7). Diese Kernbildung bleibt bei allen höheren Zellen eine ständige Einrichtung und wird als fester Besitz von Zelle zu Zelle vererbt. Jede höhere Zelle besitzt in der Mitte ihres Plasmas einen Kern, der durch die Anhäufung bestimmter Plasmateile entstanden ist.

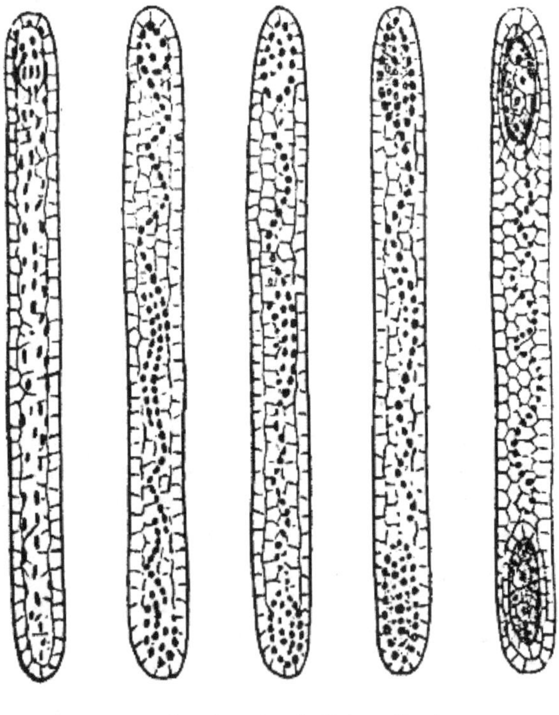

Abb. 7. Kernbildung bei Bakterien (nach Schaudinn).

In vielen Zellen kann man diesen Kern ohne jede Vorbereitung sehen. Betrachtet man eine Spur Speichel unter dem Mikroskop, so erblickt man in ihm große vier- und fünfeckige Plasmaplatten, abgestoßene Deckzellen der Zunge, die in der Mitte einen Kern tragen. Tropft man zu dem Speichel etwas Essig, so gerinnt das Eiweiß des Plasmas und wird hart und dicht wie das Eiweiß des gekochten Eies, und zwar gerinnt es um so leichter und stärker, je feiner das Eiweiß ist, und da nun der Kern der Zelle aus den edelsten Eiweißarten besteht, ist er gegen Säuren empfindlicher als die übrigen Zellbezirke, schrumpft stärker, wird dadurch dichter und dunkler und tritt nun als schattiger Punkt kräftig hervor. Noch sinnenfälliger wirkt die Färbung. Man kaufe sich für wenige Pfennige in der Apotheke ein Fläschchen mikroskopischer Färbemittel, Alaunkarmin oder Hämatoxylin, nehme eine Zwiebel und schäle von einer der inneren Lagen ein feines Häutchen ab. Betrachtet man es zuerst ohne Zubereitung bei 50-100facher Vergrößerung, so erkennt man, daß die Zwiebelhaut aus schönen, rechteckigen Zellen wie eine Hausmauer aus Ziegelsteinen zusammengesetzt ist. Kerne erblickt man in den Zellen nicht. Tropft man auf das Häutchen eine Spur Essig, so erscheinen die Zellkerne als Punkte. Nimmt man nun ein neues Häutchen, tropft eine Farbe darauf, läßt sie einige Minuten wirken und spült sie dann mit Wasser ab, so erblickt man die Zellkerne je nach der Art und Dauer der Färbung als rosenrote bis scharlachfarbene Punkte in den Zellen.

Mit Hilfe derartiger mikroskopischer Färbemethoden, die zu einer vielseitigen, zum Teil höchst geistreichen Technik ausgebaut sind, hat man in der tierischen Zelle neben dem Kern als niemals fehlenden Bestandteil noch einen anderen winzig kleinen, aber wichtigen Körper gefunden, den man den Zentralkörper genannt hat. Plasma, Kern und Zentralkörper sind die drei Hauptteile der tierischen Zelle.

Um sich von der Größe und Lage dieser drei Zellteile ein Bild zu machen, gehe man in die Küche und nehme ein Ei. Wer sah noch nie ein Ei? Schaut es euch an! Ihr lächelt? Niemals saht ihr es so: das Ei ist eine Zelle. Das Hühnerei ist eine Riesenzelle. Nicht in dem streng wissenschaftlichen Sinn einer Plasmaorganisation, wohl aber eine echte Einzelzelle, bepackt mit Kisten und Kasten für die Fahrt ins Leben, eine Eizelle, ausgestattet mit dem ganzen Kinderstaat für das noch ungeborene junge Hühnchen. Diese Riesenzelle Ei bietet nun — rein anschaulich, nicht dem innern Wesen nach — genau das Bild der Zellorganisation. Das Hühnerei besteht aus der Schale, dem Eiweiß, der Dotterkugel und dem Keimfleck, der neben der Dotterkugel im Eiweiß schwimmt. Das Eiweiß entspricht dem Plasma, die Dotterkugel dem Kern, der Keimfleck dem Zentralkörper der Zelle. Genau wie das Hühnerei sähe eine Zelle aus, wenn wir sie eine Milliarde mal vergrößert auf den Tisch legten. Zellen sind keine leeren „Zellen", etwa Hohlkammern wie ein Bienenwaben, sondern Körper mit Ausdehnung, Masse und Gewicht wie das Ei. Man schlage das Ei auf und lasse seinen Inhalt auf einen Teller fließen. So flösse das Plasma der Zelle hin, gelb und schleimig, so triebe in ihm der etwas festere und dunkelfarbigere Kern, so hinge an diesem der kleine Zentralkörper.

Die Schale des Eies werfen wir fort. Sie ist als Schutzschale von nebensächlichem Wert. Nur wo sie ihrer dringend bedarf, wie hier als Hühnerei, bildet die tierische Zelle eine Schale. Die Zellen, die im Innern des tierischen Körpers geschützt sind, bauen sich keine festen Wände. Die Pflanzenzellen hingegen, die schutzlos Wetter und Feinden preisgegeben sind, umpanzern sich. Der Besitz einer festen Zellwand ist das Unterscheidungsmerkmal der Pflanzenzelle von der Tierzelle. Die Pflanzenzelle ist eine Zigarrenkiste, mit Plasma gefüllt, das durch die Poren des Holzes mit der Außenwelt in Austausch steht; die Tierzelle dagegen ist ein Stück Butter, eine wandlos weiche, plastische Masse. Man nehme zwei Eier. Das eine lasse man roh in seiner Schale, das andere kocht man halbhart und schält es ab. Das rohe flüssige Ei in harter Schale ist die Pflanzenzelle, das gekochte abgeschälte, im Innern noch weiche, außen erhärtete Ei ist die Zelle des Tieres, die Zelle des menschlichen Körpers (Abb. 8 und 9, Tafel III).

Jedes Modell hat seinen Vorzug. Die Tierzelle ist ein Baustein aus plastischem Ton. Frei von beengender Wand, ist sie jeden Wachstums, jeder Wandlung, jeder Bewegung fähig, gestaltet sie sich, in ihrer Urform wie die Amöbe eine Kugel, durch allseitigen Druck zum Vieleck, das Vieleck streckt sich und wird zur Säule, die Säule flacht sich ab und wird zur Platte, diese krümmt sich und wird zur Röhre, die Röhre zieht sich in die Länge und wird zum Faden. So bildet sie Baustein und Bodenbelag, Säule, Balken, Seil und Röhre im Zellenpalaste Mensch. Wenn je mit einem alles und mit allem eines und dieses eine so groß und vielgestaltig geschaffen wurde, wie nur ein Palast des Lebens aufgerichtet werden kann, so ist dieses alles der Mensch und dieses eine sein Universalbaustein, die wandungslose tierische Zelle.

Die kistenartige Pflanzenzelle ist solchen Wandlungen nicht so leicht zugänglich, dafür ist sie kräftig und widerstandsfähig, und da ihre Zellwand nicht starr ist, sondern aus Zellulose (Zellwandstoff), Kork und Gummi besteht, so ist sie als elastisches Röhrenstück die ideale Grundeinheit für die federnden Riesentürme und die geometrischen Gigantengebäude der Flora. Zu welchen Leistungen sie die Pflanze befähigt, entgeht zwar dem oberflächlichen Alltagsauge, muß aber jedes denkende Gemüt mit tiefster Bewunderung erfüllen. Ein Roggenhalm hat einen Durchmesser von 3 und eine Höhe von 1500 mm, ist also 500mal höher als die Breite seines Fundaments. Dementsprechend mußte der Kölner Dom mit seinem heutigen Unterbau statt 160 m ihrer 5000 m Höhe besitzen. Und dieser

Riesenturm des Roggenhalms läuft nicht spitz aus, sondern trägt an seinem oberen Ende einen Aufbau, der das Gewicht des Turmes um das 30fache übertrifft, und steht nun nicht steif wie ein Kirchturm, sondern schwingt mit seinem Turmaufsatz, seinen Erkern und Glocken lustig im Winde umher und richtet sich, wird er herabgebogen, mit seiner Last wieder auf! Man stelle sich unter einen schöngewachsenen Baum und betrachte ihn mit dem Blick des Baumeisters. Man umspanne seinen schmalen Stamm und lasse dann das Auge hinaufwandern und verfolge, wie sich die Pappel schmal und steil haushoch über den Boden erhebt und wie die Kastanie sich in tausend Flächen, Spitzen, Kanten über einen ganzen Hof verästelt und vom Stamm bis zu den höchsten Zweigen sich im Winde wiegt, und man wird durch diese andachtsvolle Naturbetrachtung vom Wesen, Wert und Wirken der wandbekleideten elastischen Pflanzenzelle einen tieferen Eindruck erhalten als durch alle Berechnungen des Verstandes und lobende Worte aus Menschenmund.

Die Pflanze reckt und streckt sich, um Oberfläche zu gewinnen, Stickstoff aus dem Boden, Kohlensäure aus der Luft, Wasser aus den Wolken und Ätherwellen aus dem Lichte aufzufangen, sie ist ein einziger großer Aufnahmeapparat und Speicher für die Stoffe und Energien der ewig bewegten Umwelt der Elemente. Der Mensch hingegen ist ein nach innen gekehrter Baum. Wie die Pflanze nach außen, faltet und spaltet er sich nach innen und erstrebt bei kleinster Außenfläche die denkbar größte Innenausbreitung. Was jene aus der Umwelt einheimst, nimmt er in gedrängtester Form als Nahrungsstoff zu sich und breitet es dann vom Magen aus in den Röhren und Falten, Buchten, Fächern und Kammern seines Leibes über tausend innere Flächen wieder aus. Die Pflanze ist lauter Oberfläche und sammelt ein, der Mensch lauter Innenfläche und nutzt aus. Was sie mit ausgebreiteten Blätterarmen aus Licht und Tiefe, Wind und Wolken an sich raffte, das füllt als Lebenskohle die Innenkammern seines Leibes und durchglüht ihn mit der Glut der Gefühle und der Hitze der Leidenschaften. Die Pflanze ist das hundert Schaufeln tragende und zum Himmel ragende Mühlrad, das vom Strom der Welt getrieben wird, um Kraft zu fangen; der Mensch ist der tausendfach im Innern gekammerte Akkumulator, in dem sich diese Kräfte speichern und geheimnisvoll gewandelt wieder erscheinen als Muskelschlag und Kraft des Willens, Blitz des Gedankens und Wärme der Empfindung.

Die Innenfläche eines Menschen kann — so unglaubhaft es zuerst auch klingt — mit der Außenfläche einer Pflanze durchaus wetteifern. Ein Würfel, dessen Kante 1 m lang ist, besitzt mit seinen sechs Seiten eine Oberfläche von 6 qm. Halbiert man die Kante und schneidet so den Würfel in den drei Raumrichtungen durch, so erhält man aus dem einen Würfel deren acht mit je ½ m Kantenmaß. Diese acht Würfel besitzen zusammen eine Oberfläche von 12 qm. Halbiert man nun wieder die Kante dieser Würfel, so erhält man 8mal 8 Würfel von je ¼ m Seitenlänge mit der insgesamt 16fachen Oberfläche von 24 qm. Zerlegt man durch immer erneute Teilung schließlich die Kante des Würfels nach der Einteilung unseres Zentimetermaßes in 1000 mm und so den einen Kubikmeter in Kubikmillimeter, so erhält man aus dem einen großen Würfel eine Milliarde Millimeterwürfel. Solange diese noch zusammenstehen, besitzen sie als der eine große Kubikmeter-Würfel 6 qm Oberfläche. Läßt man sie nun aber auseinanderfallen, so stehen sie mit einer Gesamtoberfläche von 6000 qm mit der Außenwelt in Flächenberührung. Der Mensch ist solch ein aus kleinsten Würfeln, den Zellen, zusammengesetzter Block. Er besitzt jedoch nach außen nicht 6, sondern nur 2 qm Oberfläche. Dafür ist er aber im Innern nicht in eine Milliarde, sondern in viele Billionen kleinster Zellenwürfel geteilt. Diese etwa 30 Billionen Zellenwürfel besitzen zusammen eine Oberfläche von über 5000 qm. Mit 5000 qm Oberfläche stehen die 30 Billionen Zellen des Menschenleibes mit den sie umspülenden Säften und dadurch mit der Außenwelt in Berührung. Würde man einen Menschen wie einen Kuchenteig auswalzen, bis seine gesamte Zellenoberfläche frei zutage läge, so würde dieser Zellenteig einen Marktplatz von über 70 m Seitenlänge überziehen können. Würde man diese Zellenoberfläche aus einem Menschen wie einen Teppich herausrollen können, so würde dieser über eine halbe Stunde Weges 3 km weit hinreichen. Man denke sich einen Menschen auf die Berliner Siegessäule vor dem Reichstag gestellt und auf einem drehbaren Sockel stehend wie die Marmorstatuen in den Museen. Den Zellen dieses Menschen wird die Oberflächenhaut abgezogen und zwar so, daß sie in Form eines Zentimeterbandes wie das Garn von einer Spule abgerollt wird. Ein Flieger kommt geflogen, befestigt den Anfang des Bandes an seinem Aeroplan und fliegt davon, das Zellenband nach sich ziehend, den Menschen von der Scheitelhöhe abwärts wie eine Garnspule abwickelnd. Wie weit muß der Aeroplan wohl fliegen, bis die letzte Zelle des Mannes ihrer Haut beraubt ist? Vom Königsplatz in Berlin nach Süden über die Stadtgrenze hinaus, über alle Vororte und über die Mark Brandenburg bis nach Sachsen, über Dresden und die Sächsische Schweiz das Elbtal aufwärts bis nach Böhmen hinein, über Prag hinweg und käme gut bis nach Wien und könnte hier das Zellenband an der Spitze des Stephanturmes befestigen. Ein ausgespannter Mensch — ein Zentimeterband von Berlin bis Wien! Zehn Stunden lang kann man mit einem Schnellzug an dem Zentimeterband der Zellen seines Leibes entlangfahren!

Bedenkt man nun noch, daß durch die Schaumstruktur des Plasmas die lebende Fläche auch innerhalb jeder Zelle durch jedes Tröpfchen, Bläschen und Kämmerchen abermals um das Tausendfache vergrößert ist, so erreicht die wahre Ausdehnung der Lebensfläche eines Menschen ein unausdenkliches, geradezu phantastisches Maß.

Der Sinn dieser Flächenausbreitung liegt in dem hohen Wert freier Oberflächen für den Ablauf der Lebensprozesse. Fast alle Lebensvorgänge, die Aufnahme, Wanderung, und Ausscheidung der Atemgase und Nahrungsstoffe, der Ausgleich der verschiedenen Lösungen zwischen den einzelnen Organen und Zellen, die Wirkung und Wanderung der chemisch wirksamen Teilchen der Lösungen, der Salzionen, und viele andere Vorgänge des Stoffwechsels vollziehen sich von Fläche zu Fläche und um so rascher, je mehr Oberfläche zur Verfügung steht. Durch die Teilung der Körpermasse in Billionen Zellwürfel und die Ausbreitung des Plasmas in jeder Zelle über ungezählte Schaumwände werden Kraft und Geschwindigkeit der Lebensvorgänge auf jenes Höchstmaß gesteigert, durch das sich allein die Erscheinungen des Lebens, wenn auch nicht erklären, so doch wenigstens als überhaupt möglich begreifen lassen.

Die Zahl der menschlichen Zellen beträgt rund 30 Billionen, wovon allein 22 Billionen auf die in der Blutflüssigkeit schwimmenden Blutzellen entfallen. Eine unvorstellbare, an kosmische Maße gemahnende Zahl. 30 Billionen! Würde aus einem Menschen wie aus einem Automaten in jeder Sekunde eine Zelle fallen, so dürfte es gewiß geraume Zeit währen, ehe der Zellautomat Mensch leer geworden. Ein paar Jahre? Oder ein Menschenleben lang? Oder gar noch länger? Eine Billion Sekunden dauern fast 30 000 Jahre, und seit der Geburt Christi ist noch nicht der 15. Teil dieser Sekundenzahl verflossen. Folglich fielen 30 × 30 000 = 900 000 Jahre lang Sekunde für Sekunde Zelle um Zelle aus einem Menschenkörper, ehe der Inhalt seines Leibes entleert wäre. Hätte dieser Vorgang bei einem jener vorgeschichtlichen Menschen begonnen, die noch vor der letzten Eiszeit in Europa in den Höhlen der Dordogne um ihre Feuer saßen, während draußen das Mammut in den Sümpfen brüllte, und sollte dieser Mensch nicht eher sterben, als bis die letzte Zelle seinem Körper entfallen wäre, so lebte er noch heute. Er hätte die Eiszeiten kommen und gehen sehen, Renntiere und Bisons über die grünenden Niederungen Frankreichs springen, die Wanderungen der Urvölker und die Anfänge des Ackerbaues erlebt; er hätte Hannibal durchziehen und Cäsar an der Spitze seiner Legionen kommen sehen, an sein Ohr wäre der Schlachtruf der Araber gedrungen, an seinem Auge wären die Troubadoure und die Ritter der Kreuzzüge vorbeigezogen. Der Sonnenkönig fährt mit Mme. Pompadour an ihm im Schlitten vorüber, er hört die Freiheitsreden Camille Desmoulins' und sieht das schöne Lockenhaupt der Marie Antoinette hinrollen in den Staub, Napoleon kommt als General, als Kaiser und kehrt geschlagen aus Rußland zurück, die junge Kaiserin Eugenie lustwandelt an ihm vorbei, die deutschen Truppen ziehen 1870 ein, und 1914 hört er den Donner der Kanonen von Soissons und Reims, — und der Eiszeitmensch ist noch immer nicht gestorben, ja kaum ein einziges Glied seines Körpers ist abgefallen, trotzdem Sekunde für Sekunde, 1, 2, 3, 4, ununterbrochen seit jener Eiszeitnacht die Zellen aus seinem Körper fallen, er lebt noch immer und wird noch weiter leben, wenn man die Völker Europas nicht einmal mehr mit Namen nennt, noch 100mal länger als von Karl dem Großen bis heute, und in jeder Sekunde werden wie bisher weiter Tag und Nacht mit der Geschwindigkeit des rastlosen Uhrzeigers die Zellen aus ihm fallen, und noch immer ist die letzte Zelle dieses einen einzigen Menschenkörpers nicht erschienen... „der Mensch ist ein Mikrokosmos, ein kleines Universum, das aus einer Unzahl sich selbst fortpflanzender Organismen zusammengesetzt ist, die unbegreiflich klein sind und so zahlreich wie die Sterne am Himmel" (Darwin).

Im Durchschnitt besitzt jede Zelle eine Kantenlänge von 0,02 mm, so daß also auf diesem 1 cm langen Strich ——— 500 und auf diesem qcm □ 250 000 Zellen nebeneinander liegen könnten und in einem Kasten von dieser Seitengröße über 100 Millionen Zellen verpackt werden könnten. In einem Stück Würfelzucker fänden 250 Millionen Zellen genugsam Raum, um ungestört nebeneinander zu leben.

Die Abweichungen von diesem Mittelwert erreichen im menschlichen Körper ungefähr das Zehnfache nach beiden Seiten. Die kleinsten Zellen sind die Blutplättchen, winzige, in ihrem Wesen noch wenig erforschte Bestandteile des Blutes, die 0,0002 mm im Durchmesser besitzen, die größte Körperzelle ist die Eizelle mit 0,3 mm Durchmesser, so daß sie dem unbewaffneten Auge eben als ein graues Pünktchen sichtbar ist. Ihre Größe verdankt sie genau wie das Hühnerei der gewaltigen Anhäufung von Nährmaterial in ihrem Innern für das keimende Kind.

Trotz ihrer Winzigkeit ist jede höhere Zelle und in erster Linie die menschliche ein feinorganisiertes Lebewesen. Die Zelle ist nicht, wie man allerorten flachsinnig hört und liest, „ein Plasmaklümpchen mit einem Kern in der Mitte"; ebenso gut könnte man Paris aus der Höhe eines Aeroplans als einen Steinhaufen mit einer Wasserrinne in der Mitte bezeichnen. Die Zelle ist, wie sie der Anatom B r ü c k e schon vor vielen Jahren trefflich benannt hat: ein Elementarorganismus.

Plasma, Kern und Zentralkörper sind seine Hauptbestandteile. Wie es in einem echten Organismus nicht anders zu erwarten ist, liegen diese in genau bestimmter Lage zueinander. Zellmittelpunkt, Kernmittelpunkt und Zentralkörper liegen in einer Achse. Nur bei dieser Lage herrscht in der Zelle Gleichgewicht (Abb. 10, Tafel III).

Den weitaus meisten Raum nimmt das P l a s m a ein. Dieses zeigt nicht nur im Dämmer seines Grau jene fabelhaften Feinheiten, die Fayod und Künstler in ihm entdeckt haben wollen, nicht nur die Schaumstruktur Bütschlis, die Fäden Flemmings und die Körner Altmanns, sondern ist infolge der seit Jahrhunderttausenden durchgeführten Arbeitsteilung in fast jeder

Zellgattung in besonderer Weise durchgebildet, in den Drüsenzellen wie lagerndes Korn gehäuft, in den Empfindungszellen in Telegraphennetzen ausgespannt, in den Muskelzellen zu Zugseilen ausgezogen, in den Fettzellen zu Ölballons gerundet, in den Nierenzellen zu feinen Kanälen gegossen und in den Hornzellen zu ehernen Platten ausgewalzt und führt uns so jenen unbeschreiblichen und noch längst nicht völlig erforschten Reichtum der Plasmagestaltung vor das entzückte Auge, dessen Studium einen so breiten Raum in der Menschenkunde einnimmt.

In seiner Grundform zeigt das Plasma zumeist Wabenbau. Das Wabwerk wird gewöhnlich von einem Fadennetz durchzogen, das an den Wänden der Zelle weiterverzweigt seinen Anfang nimmt und sich in der Zellmitte in der Nähe des Kerns um den Zentralkörper verdichtet. In den Knotenpunkten des Wabwerks und Fadennetzes liegen im Plasma verstreut jene winzigen Körnchen, die nach Altmanns Theorie die eigentlichen Träger des Lebens sein sollen und nach seiner Ansicht in der Nährmasse des Plasmas wie Bakterien in ihrer Gelatine ein selbständiges Leben in freier Bewegung, Empfindung, Ernährung und Fortpflanzung führen. Am deutlichsten sieht man diese Körnchen an geeigneten Pflanzenzellen. Die Pflanzenzelle ist eine Zigarrenkiste, Plasma ihr Inhalt. In der Jugend ist diese Zigarrenkiste klein und von Plasma völlig erfüllt. Später wächst sie allseitig und wird geräumiger, aber ihr Inhalt mehrt sich nicht entsprechend. Folglich kann das Plasma nicht mehr die ganze Kiste füllen, sondern zeigt zuerst Löcher wie ein Schweizerkäse und reißt später bei weiterem Wachstum der Kiste völlig auseinander, um schließlich nur noch wie Honig in einem ausgeleerten Honigglas als dünner Belag den Wänden anzuhaften und in einzelnen Fäden die leere Zellhöhle zu durchziehen.

In diesem Wandbelag der Pflanzenzellen sieht man große, rundliche Körner liegen, die bekannten C h l o r o p h y l l k ö r n e r, die nur den Pflanzenzellen zukommen, ihnen ihre grüne Farbe verleihen und unter dem Einfluß des Sonnenlichts aus Kohlensäure und Wasser die Stärke bauen. Sie liegen an den Wänden der Zellen, um hier das einfallende Sonnenlicht aufzufangen, mit dessen Kraft sie ihr chemisches Lebenswerk vollführen. Das Chlorophyllkorn ist ein chemischer Sonnenmotor.

Im Innern der Zelle dagegen gewahrt man längs der feinen Plasmastränge die kleineren eigentlichen Plasmakörner, die an den zarten Silberfäden wie Segelschiffe auf schimmernden Flüssen lautlos dahingleiten, ohne Stillstand, solange ein Strahl Sonne das Leben dieses kleinen Alls erhält, — ein so unwirklich zartes, duftdurchhauchtes Bild, daß man wie durch ein Wunderglas ein Feenreich zu schauen meint, in dem wir zwischen Mondenglanz und Silbergespinsten einen Elfenzauber belauschen (s.

Umschlagzeichnung, Abbildung einer Kürbiszelle). Ein Bild derart mag Faust in Nostradamus' Wunderbuch gefesselt haben, als er entzückt die Worte rief:

„Wie alles sich zum Ganzen webt,Eins in dem andern wirkt und lebt,Wie Himmelskräfte auf und nieder steigenUnd sich die goldenen Eimer reichen!"

Über die Bedeutung der Körner herrscht noch große Unklarheit. Während man früher, ganz gefangen von der wunderbaren Gesamterscheinung der Zelle, ihnen geringe Beachtung schenkte, widmet man ihnen neuerdings größere Aufmerksamkeit und betrachtet sie, wenn auch nicht wie Altmann in seiner erwähnten Körnertheorie als die Elemente des Lebens, so doch als die Träger und Zentralpunkte der einzelnen Zellfähigkeiten und unterscheidet demgemäß mehrere Arten.

In allen Zellen verbreitet sind die A t e m k ö r n e r. Diese sollen einen Stoff in sich hegen, der ähnlich wie der eisenhaltige Blutfarbstoff der Blutzellen große Anziehungskraft auf den Sauerstoff der Atemluft ausübt, diesen aus der Zellumgebung begierig an sich reißt, das Sauerstoffmolekül spaltet und die einzelnen Sauerstoffatome den verschiedenen Bezirken der Zelle zuführt. Die Atemkörner spielen demnach für die Zelle dieselbe Rolle wie die Blutzellen für den Gesamtorganismus, sie sind die Atemgasbinder und -verbreiter.

Ebenso allgemein wie die Atemkörner findet man die S p e i c h e r k ö r n e r, die, wie jene die Atemgase, die aufgenommenen Nährstoffe der Zelle chemisch an sich binden, aufspeichern und zu gegebener Zeit wieder abspalten. Je nach ihrer Sondertätigkeit bezeichnet man sie als Fettkörner, wenn sie Fett speichern, als Muskelkörner, wenn sie in den Muskeln die Stärke als den Betriebsstoff der Muskelzellmotoren sammeln, als Nervenkörner in den Nervenzellen und als Dotterkörner in den Eizellen. In größter Zahl angehäuft finden sie sich in den Ausscheidungs- oder Drüsenzellen, wo sie als D r ü s e n k ö r n e r in engster Beziehung zu den Ausscheidungstätigkeiten der Zelle stehen. Zu Beginn der Drüsentätigkeit sieht man die Drüsenkörner anschwellen und dunkler werden, auf der Höhe der chemischen Fabrikation des Drüsensaftes sind sie so gequollen und saftgefüllt, daß einzelne von ihnen als kleine Bläschen erkennbar sind; nach der Ausscheidung schrumpfen sie und verschwinden zum größten Teil unter die Grenze der Sichtbarkeit (Abb. 11, Tafel IV).

Die Körner, die man in so auffallender Zahl in den Nierenzellen sieht, sollen die Gifte des Blutes an sich reißen und in Harnverbindungen überführen, die

Talgkörner in den Talgzellen das Talgfett herstellen, die Hornkörner in den Hornzellen das Horn der Haut bereiten, die Leimkörner den Leim, die Knorpelkörner Knorpelstoff zusammensetzen.

Besonders auffallend wegen ihrer leichten Färbbarkeit und daher früh erkannt und benannt sind die Nervenkörner in den Zellen des Rückenmarks und Hirns, die ganz offensichtlich die für die Maschinerie der Nervenzellen notwendigen Betriebsstoffe in sich sammeln. Denn in Ruhe und nach Schlaf, wenn die Tätigkeit der Nervenzellen eine geringe ist, sieht man sie sich mehren und schließlich die Zelle dicht und dick erfüllen. Unterwirft man nun das Versuchstier schwerer Arbeit oder starken seelischen Erregungen, so verblassen die Körnchen und schwinden schließlich ganz. Aus der Anzahl der Körner in den Nervenzellen kann man ohne Kenntnis des Vorlebens auf die Vergangenheit und den Nervenzustand ihrer Träger schließen. Die Nervenzellen eines gesunden Kindes oder kräftigen Mannes sind reich an Körnern; die des Erschöpften und Gealterten sind körnerleer, er hat, sagt ahnungsvoll treffend der Volksmund, seine Nervenkraft verbraucht (Abb. 12, Tafel IV). Der Mensch, der hinausstürmt ins Leben, hoffnungsvoll, tatenfreudig, kraftgeschwellt, und der dann als Greis zurückkehrt in den Hafen seiner Träume, abgehetzt, des Jagens müde und zufrieden, sich selbst noch zu besitzen, er hat auf seiner Fahrt nicht nur Hoffnungen verloren und Heimat und Jahre, sondern auch den Inhalt seiner Nervenzellen:

Als ich Abschied nahm, als ich Abschied nahm,Waren Kisten und Kasten schwer,Als ich wiederkam, als ich wiederkam,War alles leer.

Eine andere, eigenartige und noch durchaus nicht aufgeklärte Rolle spielen in den Zellen die Pigmentkörner, die Träger jenes braunen Farbstoffs Pigment, dem der Körper seine dunklen Farben verdankt, den gelblichen Ton der Haut, das Negerschwarz, Indianerrot, Mongolengelb, ferner das Braun der Haare und das Dunkel der Augen. Die Pigmentkörner sind Schutzorgane der Zelle gegen die Einwirkungen des Lichtes, sie sind die Fensterläden an dem lebenerfüllten Glashaus der Zelle. Von höchster Wichtigkeit sind sie daher für die Sehzellen des Augenhintergrundes, die das Sonnenlicht unmittelbar und noch verstärkt durch die Brennglaswirkung der Augenlinse auffangen, weshalb man die Pigmentkörner in ihnen in sonst ungekannter Zahl und Geschäftigkeit am Werke sieht. In dichten Massen liegen sie an den Wänden der Stäbchen- und Zapfenzellen des Augenhintergrundes. Befindet sich das Auge in Schatten oder mildem Licht, so wandern die Pigmentkörner an den Grund der Zelle, um es ungehindert eintreten zu lassen: der Fensterladen der kleinen Lichtkammer ist aufgezogen. Läßt man nun grelles Sonnenlicht in das Auge fallen, so rollen die Körner längs der Zellwand herab wie die Leisten eines heruntergelassenen Fensterladens: das Zellfenster ist verhangen und das Glashaus geschützt gegen die sengende Glut. Sonnenschirme und Jalousien sind keine Erfindungen der Kultur, sie sind kein Luxus unserer Schönen, ihren zarten Teint zu schonen, und kein „Komfort" für die Terrasse des Hotels, damit die Gäste unbelastigt ihren Mokka schlürfen, — schon der Glaspalast im Mikrokosmos hat vor seinen Fenstern auf der Sonnenseite seine Jalousien, und vor den Plasmascheiben, durch die das Licht der Welt ins Zellenhaus des Menschen scheint, rollen die gelben Läden sinnvoll auf und nieder . . . (Abb. 13, Tafel IV).

In gleicher, wenn auch nicht so augenfälliger Weise schützen sich die Zellen der übrigen Körperoberfläche gegen die Wirkungen des Lichtes und der Wärme, weshalb das dunkle Pigment in so reichlichem Maße bei den die Tropen bewohnenden Völkern als das Negerschwarz der Haut vorhanden ist.

Neben der Lichtschutzwirkung müssen die Pigmentkörner andere uns noch unbekannte Funktionen erfüllen. Irgendwelche geheime Beziehungen herrschen zwischen ihnen und der allgemeinen Lebenstüchtigkeit des Plasmas. Geschöpfe, deren Plasma verhältnismäßig reich an Pigmentkörnern ist, sind lebenskräftiger als ihre pigmentarmen Genossen. Pigmentmangel ist ein Zeichen der Lebensschwäche. Manchen Wesen fehlt das Pigment überhaupt, auch in Haaren und Augen. Sie sind daher nicht nur hellhäutig, sondern auch weißhaarig und infolge des aus dem Augenhintergrunde durchschimmernden Blutes rotäugig. Diese Albinos, Weißlinge oder Kakerlaken, diese weißen Raben stehen ihren dunklen Brüdern an Gesundheit, Widerstandskraft und Fortpflanzungsfähigkeit — bemerkenswerterweise oft auch an Charakterbildung — wesentlich nach. So ist die Tuberkulose unter den blonden und hellhäutigen Menschen verbreiteter als unter den dunkelfarbigen der gleichen Rasse. Ein auffallendes Beispiel bieten die Schweine Virginiens. Die hellen unter ihnen gehen nach dem Genuß der giftigen Wurzel Lachnanthes zugrunde, während die schwarzen Schweine sie ohne Schaden genießen. Die inneren Beziehungen zwischen Pigmentreichtum und Gesundheit sind noch unbekannt.

Neben den Atem-, Speicher- und Pigmentkörnern besitzen alle Zellen als eine weitere Art die R e i z k ö r n e r, Körnchen, die im Gegensatz zu der allgemeinen Empfindungsfähigkeit des Plasmas eine erhöhte Reizbarkeit und vor allem die Fähigkeit besitzen, Reize aufzuhalten, zu sammeln, dadurch zu erhöhen und sie dann umzuschalten. Die Reizkörner sind die Sammler und Umschalter, die Akkumulatoren und Transformatoren der Zelle. Als solche liegen sie vornehmlich an jenen Punkten, wo Reizsammlung, -verstärkung und -umschaltung erforderlich sind, z. B. bei Wimperzellen an den Wurzeln der Flimmerhaare, die sich unter ihrem Einfluß rhythmisch bewegen. Zerstört man diese Reizkörner, so kann die Zelle ihren Wimperhaaren keine gesammelten und geordneten Reize mehr zusenden, und sie stellen ihre harmonischen Bewegungen ein, um nur noch ungeordnet durcheinander zu schlagen.

In den Wimperzellen mancher Tiere findet man nicht nur einzelne Reizkörner, sondern ein ganzes kunstvoll ausgebildetes Reizleitungssystem von größeren und kleineren Körnern, die durch Leitungsfäden miteinander verbunden sind (Abb. 14, Tafel V). Solch eine Zelle mutet an wie ein elektrischer Apparat. Ob sie sich vielleicht dereinst als ein solcher enthüllt?

Als ein Reizkorn erster Ordnung ist der Zentralkörper der Zelle aufzufassen. Er ist zwar größer als die übrigen Plasmakörner, aber noch immer unvorstellbar klein. Denkt man sich nach dem Vorschlag Reinkes eine Zelle eine Billion mal vergrößert, so wäre sie eine Kiste von ½ m Kantenlänge. In dieser Kiste läge der Kern so groß wie eine Kokosnuß, neben ihm der Zentralkörper wie eine Erbse. In Wahrheit fänden also eine Billion Zentralkörper in einer Erbse Raum, so viele, daß man 20 000 Jahre zählen müßte, um den Inhalt der einen Erbse aufzuzählen. Dennoch besitzt der Zentralkörper, wie durch eingehende Forschungen festgestellt wurde, einen mathematisch abgezirkelten, man möchte sagen astronomischen Bau (Abb. 15, Tafel V).

Er liegt fast immer dicht neben dem Kern der Zelle und steht zu ihm in so nahen Beziehungen, daß manche Forscher ihn als einen außerhalb des Kerns liegenden Kernteil auffassen.

Im Zentralkörper lauft das gesamte Faden- und Wabennetz des Zellplasmas zusammen. Wie eine Spinne in ihrem Netz liegt er im Knotenpunkt aller Fäden und beherrscht sie als das zentrale Reizkorn. Da die im Zentralkörper zusammenlaufenden Fäden sich in seiner Nähe aufs engste nähern müssen und wahrscheinlich auch gegenseitig abplatten, kann man sie in seiner Umgebung kaum mehr wahrnehmen, so daß der Zentralkörper von einem hellen faden- und wabenfreien Hof umgeben scheint wie die Sonne, deren Strahlen man in ihrer Umgebung der Fülle wegen nicht erkennen kann. Der Zentralkörper ist als Sammelpunkt und Schaltstelle der Bewegungsreize der Motor der Zellmaschine, in die Ausdrucksweise der Wissenschaft übersetzt, das motorische Zentrum der Zelle. Daher findet man ihn in den Zellen immer an jenen Punkten, an denen die lebhafteste Bewegung stattfindet. Bei Zellen mit peitschendem Schwanz sitzt er an der Ansatzstelle der Geißel, bei Wimperzellen an der Wurzel der bewegten Haare, bei den Drüsenzellen inmitten der ausfließenden Massen und bewirkt hier die feinen Zuckungen des Plasmas, durch die der Drüsenstoff ausgeschieden wird. Am prächtigsten jedoch tritt er bei dem gewaltigsten Bewegungsprozeß im Leben der Zelle hervor, bei ihrer Teilung.

Die höheren Pflanzenzellen, in denen die Bewegung gegenüber den chemischen Vorgängen völlig in den Hintergrund getreten ist, haben keinen Zentralkörper mehr entwickelt. Das Fehlen des Zentralkörpers ist neben dem Besitz einer festen Wand das zweite Unterscheidungsmerkmal der Pflanzenzelle von der Tierzelle.

In engster Beziehung zum Zentralkörper steht der ihm benachbarte K e r n. Im Gegensatz zu den übrigen meist unfärbbaren und grau in grau verschwimmenden Teilen der Zelle besitzen die Kernsubstanzen große Verwandtschaft zu gewissen Farben, dem Karmin, dem aus dem Holz eines tropischen Baumes gewonnenen Hämatoxylin (= Holzrot) sowie den bei der Anilinfabrikation gewonnenen Anilinfarben Eosin (= Morgenröterosa), Safranin (= Safranrot), Gentianaviolett (= Enzianpurpur) und dem Bismarckbraun. Legt man Zellen nach bestimmten Vorschriften einige Minuten in diese Farben, so enthüllt der Kern in leuchtender Pracht die Feinheiten seines edel gegliederten Baues.

Seine eigentliche Grundmasse bleibt ungefärbt. Es taucht ein Netz von Fäden auf, das den Kern wie ein Spinnengewebe durchzieht und in dessen Knotenpunkten dunkelgefärbte Körner liegen. Dieses Netz besteht aus den feinsten Eiweißverbindungen, die unsere irdische Welt hervorgebracht hat, phosphorhaltigen Eiweißkörpern, die man wegen ihres einzigen Vorkommens in den Zellkernen als Kerneiweißkörper (Nukleoproteide) bezeichnet. Das aus ihnen zusammengesetzte Gefüge nennt man wegen seiner starken Färbbarkeit mit den angeführten Farben die Farbmasse des Kerns oder das Chromatin. Das Chromatin ist die wichtigste Substanz der Zelle. Es ist gewiß kein Stoff in chemischem Sinne, nicht einmal in der hohen Auffassung, die wir von den höchsten Eiweißverbindungen mit ihren tausendatomigen Molekülen haben, sondern eine äußerst feine und höchst verwickelte Maschinerie einer uns unvorstellbaren festflüssigen Konstruktion, die mit dem Bauplan unserer starren Maschinen nichts gemein hat. Neben dem Phosphor enthält der Zellkern immer noch Spuren von Eisen, vermöge deren der Kern genau wie die eisenhaltigen roten Blutzellen und Atemkörner begierig Sauerstoff aufnimmt. Die Anordnung des Chromatins ist sehr wechselnd und schwankt von regelloser Anhäufung einzelner Körner bis zu den kunstvollst geschlungenen Bändern (Abb. 16, Tafel V).

Bei starker Vergrößerung tauchen noch weitere Feinheiten im Kerninnern auf. Die Fäden des Chromatinnetzes lösen sich in einzelne tonnenförmige Teile auf und beweisen so ihre Zusammensetzung aus einzelnen Bausteinen. An der Grenze des Kerns entdeckt man eine feine Haut, die wie eine Ballonhülle aus feinen, spiralig gewundenen Fäden gewoben ist, den Kern fest umspannt und durch die starke Füllung des Kerns mit Kernsaft prall gebläht ist. In diesem Kernsaft schwimmen die Kernteile wie das Kind im Fruchtwasser des Mutterleibes gegen Druck und Stoß wunderbar bewahrt.

Legt man eine solche mit Karmin rot gefärbte Zelle in eine säurehaltige Farbe wie das Eosin, so treten neben den bisher erschienenen Kernteilen infolge ihrer Verwandtschaft zu sauren Farben noch weitere Einzelheiten in zarten Rosatönen hervor. Im Innern des Kerns taucht ein zweiter kleinerer Kern auf, der Kernkörper (s. Abb. 10, Tafel III). In diesem entdeckt man bei sehr starker Vergrößerung abermals ein kleines Körperchen, das Kernkörperchen. Nimmt das Wunder nie ein Ende? Schließlich entdeckt man noch bei feinem Zuschauen zwischen den Fäden des Chromatinnetzes als ein Untergewebe ein ganz zartes, schwachgefärbtes Netz, das Kernfadennetz (Abb. 10, Taf. III), aus dessen Grund sich das stark gefärbte Chromatinnetz wie eine Goldstickerei auf einem rosa Tüllgewebe heraushebt. So ist der Teppich des Lebens gewirkt aus Schönheit und Geheimnis, ein Schleier, hinter dessen Rätselornamenten in ewig strahlender Jugend die Göttin des Lebens lächelt. Wird je ein Jüngling zu Sais kommen, der ihn hebt und in ihr unverwelklich Antlitz schaut? Und wenn, wird er dann nicht hinter ihrem Mona-Lisa-Lächeln ein neues, tieferes Geheimnis seines menschlichen Aberwitzes spotten sehen?

Durch seinen feingegliederten Bau erweist sich der Kern schon äußerlich als der Sammelpunkt der edelsten Teile des Plasmas, als das Hauptorgan in dem Elementarorganismus Zelle. Halbiert man eine kernhaltige Amöbe, so daß nur die eine Hälfte den Kern behält, so lebt dieser Teil fort und ergänzt sich bald wieder durch Wachstum zu einer vollständigen Zelle. Die kernlosc Hälfte dagegen zeigt ein merkwürdiges Verhalten. Sie bewegt sich noch und empfindet noch, sie frißt auch, denn dies sind ja die Tätigkeiten der Außenteile der Zelle. Aber sie vermag die aufgenommene Nahrung nicht zu verdauen, kann sich folglich nicht mehr nähren, nicht wachsen und nicht fortpflanzen, sie verhungert und stirbt nach einigen Tagen, ein Opfer jener Arbeitsteilung, die die Fähigkeiten der Bewegung, Empfindung und Nahrungsaufnahme an die Grenze, die Fähigkeiten des Stoffwechsels und der Fortpflanzung in die Zellmitte, den Kern, verlegte. Außerdem zeigt die kernberaubte Hälfte noch „nervöse" Störungen. Verwundet man sie, so kann sie nicht mehr die übliche Wundhaut ausscheiden, ebenso wie kernberaubte Pflanzenzellen ihre Zellwand und Kieselzellen ihre zerbrochene Schale nicht mehr ergänzen können ohne Kern. Die kernhaltige Amöbe haftet an ihrer Unterfläche, die kernberaubte vermag dies nicht mehr und gleitet ab. Diese offenbare Beziehung des Kerns zu den Ausscheidungen der Zelle tritt in voller Deutlichkeit bei den Drüsenzellen in Erscheinung. In vielen Drüsenzellen niederer Tiere ergießt der Kern während der Absonderung seine Farbmasse in das Zellplasma, um ihm gewisse Drüsenstoffe zuzuführen. In den menschlichen Zellen schwillt er vor der Ausscheidung bis auf das Fünffache an, um danach erschöpft zusammenzuschrumpfen. Der Kern ist im Gegensatz zum Zentralkörper, dem motorischen Zentrum, das chemische Zentrum der Zelle. Da weitaus die meisten chemischen Umsetzungen im Plasma unter Sauerstoffbindung einhergehen — aus diesem Grunde müssen wir ja beständig Luft, Sauerstoff schöpfen —, besitzt der Kern eine hohe Aufnahmefähigkeit für Sauerstoff. Diese kann man an lebenden Zellen unmittelbar nachweisen. Führt man einer Zelle einen Stoff zu, der durch seine Verbindung mit dem Sauerstoff seine Farbe verändert, beispielsweise wie das schwarze Eisen durch Sauerstoffaufnahme rostrot wird, so tritt diese Verfärbung am ehesten und stärksten in der Umgebung des Zellkerns auf. Hat man den Zentralkörper wegen seiner Reizempfindlichkeit das zentrale Reizkorn genannt, so kann man den Kern wegen seiner Sauerstoffbegier als das zentrale Atemkorn bezeichnen. Der Kern ist die Lunge der Zelle. Organe, die infolge ihrer angestrengten Tätigkeit viel Sauerstoff verbrauchen wie die Leber, die Niere, das Gehirn, sind reich an großen kräftigen Kernen. Größe und Dunkelfarbigkeit sind die Zeichen der Kernkraft und Zellgesundheit, Schrumpfen und Blassen des Kerns die Merkmale der Zellerschöpfung und -erkrankung, und Kernlosigkeit das sichtbare Zeichen des Zelltodes. Schabt man sich von der Zunge Zellen ab, so reißt man lebende Zellen herunter, in denen man deutlich Kerne sieht. Reibt man sich dagegen von der Haut Zellen ab, so findet man unter dem Mikroskop verhornte kernlose Zellplatten, die Leichen jener längst gestorbenen Deckzellen, von denen unsere Körperhaut wie mit einer Schicht von Schutzschilden umpanzert ist.

In seiner höchsten Wesenheit offenbart sich der Zellkern in seiner letzten und bedeutendsten Eigenschaft als Fortpflanzungs- und Vererbungsorgan der Zelle bei der Teilung. Jede Zelle pflanzt sich fort durch Teilung. Eine andere Art von Zellentstehung als Zelle aus Zelle gibt es nicht, kann es nicht geben, sowenig Menschen anders als aus Menschen geboren werden können. Omnis cellula e cellula ist einer der klassischen Grundsätze der Lebenslehre.

Die einfachste Form der Zellteilung sehen wir bei der niederen Zellform, der Amöbe. Die Plasmamassen fließen nach rechts und links auseinander, der Kern, sofern er schon ausgebildet ist, zieht sich in die Länge, zerfällt in zwei Hälften, das Plasma ebenfalls, und aus einer Zelle werden deren zwei (s. Abb. 6, Tafel II).

Diese Teilungsart ist roh und nur möglich auf einer Stufe, auf der das Plasma noch nicht eine so feine Organisation angenommen hat wie in den höheren Tier- und Pflanzenzellen. Man kann sich vorstellen, daß eine Tonschüssel erweicht und sich nach Art einer Amöbe in zwei Schüsseln teilt, bei einer Taschenuhr ist eine solche Halbierung undenkbar. Um trotzdem eine genaue Teilung bis in die kleinsten Einheiten zu ermöglichen, hat sich die Fortpflanzung der Zelle im Lauf der Entwicklung zu einem Naturspiel herausgebildet, von dem man ohne Übertreibung sagen kann, daß es in der ganzen uns bekannten Welt nicht seinesgleichen hat. Vergebens wird man das All nach Raum und Zeit durchschweifen, um eine Naturerscheinung zu entdecken, die in ähnlicher Art Schönheit und Geheimnis, Gesetzmäßigkeit und bewegte Dramatik vereinigt. Der Astronom sucht ihresgleichen vergebens in den fernsten Sonnenzügen seiner Himmel, der Physiker findet sie nicht im Reich seiner strengen Gesetze, der Geologe gräbt nach ihr vergebens in Granit und Gneis und der Erforscher der Atmosphäre nimmt ihrer nicht wahr zwischen Kumulus und Zirrus. Mit ihren pompösesten Bühneneffekten, mit Wellenrauschen und Alpenglühen, Gewitter, Regenbogen und Vulkanen kann die leblose Natur ein Schauspiel ihrer Art nicht inszenieren. Die Teilung der Zelle ist das Mysterienspiel des Lebens, das nun vor unseren Augen anhebt. Das Meer glättet sich, und die Wellen kauern in den Ecken, der Mond steht still wie einst zu Gideon, der Regenbogen sinkt in sich zusammen, die Vögel kommen zwitschernd und sammeln sich im Rankenwerk der Säulen, und die Jahreszeiten treten in die Logen, — die Sterne am Deckengewölbe erlöschen, der Wolkenvorhang hebt sich, und unter Blitz und Donner beginnt auf der Bühne des Welttheaters vor dem Parterre der atemlos lauschenden Natur das Weihespiel des Lebens: die Teilung der Zelle (Abb. 17, Tafel VI).

Groß, klar und gläsern steht sie da. In der Mitte der Kern, neben ihm der Zentralkörper, beide in der Gleichgewichtsachse, die durch den Mittelpunkt der Zelle geht. Mit einer Störung dieser Ruhelage beginnt das Schauspiel. Der Zentralkörper, der Motor der Zelle, läuft an. Er rückt aus der Gleichgewichtsachse heraus und bringt damit eine Kette von Veränderungen in Bewegung. Er selbst schwillt, breitet seine Streifenkrone aus und durchstrahlt sonnenhaft das Plasma, dessen Fäden und Waben sich um den strahlenden Punkt im Kreise ordnen. Unter zunehmender Strahlenstärke teilt sich der Zentralkörper in zwei Hälften, die, jede von ihrer Krone umgeben, aus der Äquatorgegend der Zelle den beiden Polen des kleinen Alls entgegeneilen. Währenddes begann auch der Kern zu quellen, sein Rand wird verwaschen, die Körner in ihm sammeln sich. Sind sie, wie in vielen Zellen, zweigförmig in ihm ausgebreitet, so wandern die Seitenäste der Blitzfigur in die Hauptäste, wodurch diese dunkler und dicker erscheinen, die Hauptäste verkürzen sich, trennen sich dadurch völlig voneinander und bilden nun einzelne haarnadelförmig sich biegende Schleifen. War das Chromatin dagegen in verstreuten Körnchen ausgebreitet, so reihen sich diese aneinander und bilden ein Band, das sich wie ein Knäuel durch den engen Raum des Kernes windet. Das Band verkürzt sich und zerfällt ebenfalls in einzelne sich haarnadelförmig biegende Stücke, die Chromatinschleifen. Das Kernkörperchen, der Kernkörper, das Fadennetz und alle übrigen Nebenteile des Kerns verschwinden in der allgemeinen Wirrnis. Wohin, wozu? hat noch kein sterblich Aug' gesehen.

Dieweil sind die Zentralkörper so weit auseinandergerückt, daß sie sich nun an den beiden Zellenden wie Nord- und Südpol gegenüberstehen. Aber sie haben den Zusammenhang nicht verloren. Zwischen ihnen laufen wie die Längsgrade zwischen den Polen des Erdglobus die Plasmafäden in Form einer Spindel durch die Zelle. In der Mitte dieser Spindel, wo sie sich im Äquator am weitesten ausbaucht, liegt oder vielmehr lag der Kern. Denn alles ist an ihm verschwunden, nur die stark hervortretenden haarnadelförmigen Chromatinschleifen sind geblieben und ordnen sich nun wie unter dem Geheiß eines Künstlers zu einer harmonischen Figur. Sie treten alle in die Äquatorebene der Zelle und bilden hier einen Stern, indem sie sich im Kreise stellen, mit ihren Winkeln gegen den Mittelpunkt, mit ihren freien Enden gegen die Oberfläche der Zelle weisend. Man lege sechs Haarnadeln auf den Tisch kreisförmig um einen Punkt, so daß ihre Kurven alle gegen diesen Punkt gerichtet sind, und man erhält das genaue Abbild dieses Teilungssterns. Jeder Apfel, jede Apfelsine und Zitrone sind Kolossalmodelle der sich teilenden Zelle. Schneidet man eine dieser Früchte zwischen ihren Nadelpunkten durch, so trifft man die Obstkerne im Äquator sternförmig um den Mittelpunkt geordnet und im Fachwerk der Frucht liegend wie die Schleifen des Teilungssterns in den Spindelfasern der sich teilenden Zelle.

Aber das Wunder steht nicht still. Alle bisherigen Wandlungen sind nur die Vorbereitungen für die jetzt beginnende Teilung. Die Schleifen des Teilungssternes spalten sich der Länge nach, so daß aus je einer dicken Haarnadel zwei dünne werden und so sich ihre Zahl verdoppelt.

Mit dieser Spaltung der Schleifen beginnt die Teilung und ist sie vollendet. War alles Vorangegangene nur Vorspiel, so ist alles Folgende nur Nachspiel dieser Spaltung. Sie ist der große Höhe- und Wendepunkt, dem alles zustrebt in diesem Drama, und der das Geschick entscheidet; sie ist der große Augenblick der Offenbarung in diesem Mysterienspiel, in dem, umstrahlt vom Doppelglanz der Sonnen, die Krone des Lebens erscheint und sich teilt zur Verjüngung und zwiefachen Neugeburt des Daseins auf Erden.

Die beiden Hälften der längsgespaltenen Schleifen trennen sich. Während sie bisher alle in einer Ebene, der Mittelebene der Zelle, nebeneinander lagen, biegen sie sich nun wie Drähte in der Hitze des Feuers, die eine Hälfte jeder Schleife dem einen, die andere Hälfte dem andern Pol der Zelle zu und wandern, von den Zentralkörpern angezogen, längs der Spindelfasern den strahlenden Zentralkörpern zu, wie Kometen mit ihren spitzen Winkeln den Sonnen ihres Plasmaalls entgegenfliegend. Auf dieser Polfahrt nähern sie sich, werden wieder länger, senden wieder Äste aus, schlängeln und verwirren sich wieder und bilden bei ihrer Ankunft am Zentralkörper genau ein Netz wie vordem. Um sie verdichtet sich die Kernmasse zum Kern, Kernkörper und Kernhaut erscheinen wieder, das rosafarbene Unternetz schimmert aus der Tiefe hervor. Während dieser Trennungsfahrt der Schleifenhälften schnürt sich hinter ihnen das Plasma ein und ab, aus der einen Zelle sind zwei geworden, die Teilung ist vollendet.

Der Sinn dieses vielverschränkten Schauspiels liegt offen zutage. Im „Kernpunkt" aller Szenen steht die Längsspaltung der Schleifen, die sich aus der Farbmasse des Kerns, dem Chromatin, gebildet haben. Die Farbmasse Chromatin ist die wichtigste Substanz der Zelle. Sie ist durch die Sammlung aller edlen Stoffe des Plasmas in der geschützten Zellmitte entstanden, sie ist die Trägerin der höchsten Zelleigenschaften und Zellfähigkeiten, der Atmung und Verdauung, der Umwandlung der aufgenommenen Nahrungsstoffe in Plasma, des Wachstums und der Fortpflanzung. Das Chromatin ist die Erbmasse des Zellorganismus. Dieses Chromatin genau zu halbieren und so die Eigenschaften und Fähigkeiten der Mutterzelle auf die beiden Tochterzellen gleichmäßig zu vererben, ist der Zweck des ganzen Teilungsmechanismus. Der verwickelte Ablauf der Zellteilung ist nichts anderes als ein Akt der Gerechtigkeit. Der Titel des Schauspiels, das sich zugetragen, heißt „Die gerechte Erbschaft". Mit jener Umständlichkeit, die allen gerechten Teilungen einer reichen und vielgestaltigen Erbschaft anhaften muß, werden die Chromatinkörner gesammelt, aneinandergereiht, so daß ein langes Band aus ihnen entsteht, wird dieses Band zu einem Knäuel geschlungen, gleichsam gemischt, und dann in einzelne gleich lange Bandstücke geschnitten; diese sondern sich voneinander, indem sie sich umbiegen und Schleifen bilden, die sich in einem geordneten Kreis ausbreiten. Und nun, es könnte sich ja doch ein Fehler eingeschlichen haben, werden die einzelnen Bänder nochmals zerschnitten, aber diesesmal nicht wie das erste quer in zwei halb so lange Stücke, sondern der Länge nach in zwei halb so breite Streifen, so daß nun jede Tochterzelle nicht die Hälfte der Schleifen, sondern von jeder Schleife die Hälfte erhält, — kann eine Erbschaft gerechter unter zwei Kinder verteilt werden als das Chromatin der Mutter auf die beiden Töchter bei der Teilung der Zelle?

Strenge Erbschaftsgesetze beherrschen die Teilung. Jede Tier- und Pflanzenart bildet in ihren Zellen eine bestimmte Zahl von Schleifen. Es bilden:

Pferdespulwurm	4	Libelle	24
Heuschrecke	12	Forelle	24
Zwiebel	16	Frosch	24
Weizen	16	Maus	24
Schnecke	16	Mensch	24

Eidechse	16	Regenwurm	32
Meerschweinchen	16	Haifisch	36
Ameise	20	Krebs Artemia	168

Sieht man eine Eizelle mit vier Schleifen, so kann man schwören, daß aus ihr ein Spulwurm wird und kein Regenwurm, und beobachten wir eine Zellteilung im Menschen, so kann man, sei es eine Hirn-, Haut- oder Nierenzelle, mit Bestimmtheit voraussagen, daß 24 Schleifen und nicht 36 erscheinen werden. Warum die Zahl der Schleifen bei den einzelnen Geschöpfen verschieden ist, ob und welchen Zusammenhang die Schleifenzahl mit der betreffenden Tierart besitzt, in welcher Weise die Eigenschaften auf die Schleifen verteilt sind, wie die Verknüpfung von Eigenschaften mit dem Stoff der Schleifen zu denken ist, was die Bildung der Schleifen, ihre Anordnung, ihre Quer- und Längsteilung veranlaßt, wie und warum sich dieser Mechanismus der Schleifenteilung in den Zellen im Lauf der Erdgeschichte entwickelt hat, diese und alle anderen Fragen, die sich sofort dem denkenden Betrachter aufdrängen, harren noch der Antwort. Die Teilung der Zelle — ein Mysterienspiel.

Die Dauer einer Zellteilung beträgt im Menschen ungefähr eine halbe Stunde und kann demgemäß bei reger Fortführung nach dem berühmten Muster der Weizenkörner auf dem Schachbrett zu ungeheuren Zahlen führen. Man lege abends eine Bohne in laues Wasser. Bis zum Morgen haben sich viele tausend Zellteilungen in ihr vollzogen. Die Teilung eines Bazillus währt 20 Minuten. Eine Milliarde von ihnen findet in dem millionstel Teil eines Litergefäßes Platz. Gäbe man den Nachkommen eines Bazillus Raum und Nahrung zu ungehemmter Fortpflanzung, so flösse in zwei Tagen das Gefäß über, und in fünf Tagen füllten die Bazillen den Atlantischen Ozean. Die Eier aus den Nachkommen eines sich ungehemmt entwickelnden Störweibchens füllten in vier Jahren die Erdkugel mit Kaviar. Solch schrankenloser Fortpflanzung wird durch den Mangel an Raum und Nährstoff und durch die brutale Vernichtung der weitaus meisten aller Keime eine natürliche Grenze gesetzt. Millionen sind berufen, einer wird auserwählt.

Die Zellteilung ist die Ursache des Wachstums. Wenn der abgeschnittene Nagel in Tagen wieder nachwächst, so geschieht es, weil sich die Zellen an seinem Boden in jeder Minute zu Hunderten teilen. Wächst das geschorene Barthaar in wenigen Stunden merklich nach, so haben an seinem Grunde in dieser Zeit zahllose Zellteilungen stattgefunden, wodurch es aus der Tiefe herausgedrängt wird. Wächst das Kind zum Mann oder zur Frau heran, so wird es hoch und breit durch die dauernde Teilung und Vermehrung der Zellen in allen Bezirken seines Leibes. Außerdem dienen die Zellteilungen dem Ersatz der abgebrauchten und ständig sterbenden Zellen in allen

Organen. Die Zellen des Körpers leben zum allergrößten Teil nicht von der Geburt bis zum Tode des Menschen, sondern besitzen meist eine kurze Lebensdauer, sterben und werden durch ihre Nachkommen ersetzt — wie die Menschen im Leben der Völker. Hirn-, Muskel- und Knochenzellen teilen sich nur in der Jugend, solange der Mensch wächst, und leben dann das ganze Leben hindurch unverändert. Die übrigen Zellen dagegen leben nur wenige Jahre, ja nur Monate oder gar Wochen. Zwei Drittel aller Körperzellen, über 22 Billionen, sind Blutzellen, jene winzig kleinen Kügelchen, die im Blut des Menschen schwimmen, ihm seine rote Farbe verleihen und vermöge ihres eisenhaltigen Farbstoffes das Sauerstoffgas der Luft aus der Lunge in den Körper führen. Jede dieser Blutzellen lebt nur 20 Tage. Um in 20 Tagen 22 Billionen Blutzellen zu ersetzen, müssen also täglich eine Billion Blutzellen geboren werden und hierfür 500 Milliarden Zellteilungen stattfinden. Das sind in jeder Sekunde fünf Millionen. Da jede Zellteilung eine halbe Stunde währt, so sind allein für den Blutzellenersatz im Knochenmark beständig 10 Milliarden Zellteilungen im Gange. Für ein Menschenleben von 70 Jahren ergibt das die phantastische, selbst für astronomische Angaben ungeheuerliche Zahl von 10 000 Billionen Zellteilungen in einem einzigen Menschenleib allein für den Ersatz des Blutes. Hierzu kommen noch die ununterbrochenen Teilungen in allen übrigen Geweben. Zum Nachwuchs der ausfallenden Haare vollziehen sich täglich annähernd eine Million Zellteilungen in der Kopfhaut. Ein Vielfaches hiervon schuppt die übrige Haut ab, von der täglich unberechenbare Mengen Zellen abfallen, die man beispielsweise im Waschwasser nachweisen kann und für deren Ersatz dauernd Milliarden von Teilungen vor sich gehen. Die Geschlechtsdrüse des Mannes erzeugt jahrzehntelang täglich bis zu 100 Millionen Fortpflanzungszellen, — der Schöpfung ist kein Ende im Mikrokosmos des Lebens.

In diesem ewigen Sterben und Neugeborenwerden der Zellen liegt das Geheimnis unsrer steten Jugend. Das Alte, Abgenutzte stirbt in uns, und neues, frisches Leben wird von Tag zu Tag geboren. Die Todesstunde einer Milliarde verbrauchter Zellen ist die Geburtsstunde von zwei Milliarden neuer. Mit hunderttausend alten, lebensmüden Zellen legen wir uns schlafen und wachen des Morgens „neugeboren" mit zehnmalhunderttausend jungen auf. Wir sterben täglich, um täglich neugeboren zu werden, und leben so durch Tod und Auferstehung wie der Phönix in ewiger Verjüngung, ein durch die Jahre wandelndes Stirb und Werde!

Man überdenke rasch noch einmal das Schauspiel der Zellteilung. Der Zentralkörper erscheint, teilt sich und wird zum Doppelgestirn, das auseinander strebt und sonnenhaft das Plasma-All durchstrahlt. Die Sonnen ziehen geheimnisvolle Sphären durch die Welt der Eiweißmoleküle und ordnen sie zwischen zwei Polen. Der Zellkern schmilzt, sein Chromatin verdunkelt sich, ballt sich zusammen, bildet ein Band, das sich in Bänder teilt, diese krümmen sich zu Schleifen und ordnen sich unter dem Bann der geheimen Macht, die das Ganze durchwebt, im Äquator der kleinen Plasmawelt zu einem prächtigen Stern. Stern und Schleifen spalten sich, streben in sanften Bögen wie Kometen aufwärts und abwärts den beiden Polen zu, und hinter ihnen, indes sie sich wieder zum Kern verflechten, furcht sich wie das Wasser hinter dem Kiel des fahrenden Schiffes das Plasma der Zelle und schnürt sich durch, — dieses entzückende Schauspiel, das mit dem bunten Wechsel seiner Szenen, der sinnvollen Verteilung der Rollen, dem bewegten und doch innerlich so folgerichtigen Ablauf seiner Handlung, der Schürzung und Lösung des Knotens und seinem befreienden Ende ein echtes Schauspiel ist, spielt sich auf einer Bühne ab, die kleiner ist als ein Staubkorn im Sonnenlicht, deren 100 Millionen in einem Stückchen Zucker Unterkommen fänden, spielt sich stündlich, in jeder Minute und jeder Sekunde, ohne daß wir es wollen oder wissen, ohne daß wir es fühlen oder sehen, in unserem Innern ab, ist unser Wachsen, ist unser Sein. Man zähle mit der Uhr die Sekunden 1, 2, 3, 4, 60 die Minute, über 3000 die Stunde, fast 100 000 den Tag, mit jeder Zahl, die man spricht, begleitet man über fünf Millionen Bühnenspiele dieser Teilung in dem Riesenzelltheater seines Leibes.

Und nun wende man seine Blicke auf zum Himmel und sehe über sich die Unzahl der Sterne glühen, jeder eine Sonne, umgeben von Planeten und Monden, zahllos wie der Sand am Meer, dicht gedrängt wie der Staub in Wolken und doch in Wahrheit geschieden durch Räume, die selbst das Licht nur in Jahrtausenden durcheilt, ohne Anfang diesseits, ohne Ende jenseits, ohne Grund unter uns, ohne Grenze über uns. Uns selber aber finden wir auf einer grünen Kugel lebend, die im freien Raume schwebt und um eine dieser Sonnen kreist, nach Menschenmaß so weit von ihr entfernt, daß kein Gedanke diese Strecke durchmißt, nach den wahren Maßen dieser Welt jedoch ihr so nahe und so winzig, daß sie mit ihr wie zu eins verschmilzt und nicht einmal, vom nächsten Stern gesehen, als Punkt im schärfsten Glas gefunden werden könnte; auf diesem in des Wortes wahrsten Sinne so genannten Sonnenstäubchen finden wir uns, auf ihm selber wieder so klein, als wären wir gar nicht da, so nichtig und so flüchtig für sie wie für unsere Sinne die Bazillen, die auf der Schale eines irgendwo in einem Keller faulenden Apfels einige Stunden umherzucken, so wahrhaft nichts, daß, wenn uns heut ein Eishauch aus dem Weltraum dahinwehte, diesem Kügelchen Erde ebensowenig fehlte, wie dem Apfel, wenn die Bazillen in den Ritzen seiner Haut erfrören, — Mikroben auf einem im Sonnenlicht kurze Zeit hinwehenden Kugelstäubchen! Und nun schauen wir, überwältigt von der Größe des Weltalls, niedergebeugt von der Kleinheit unseres Ichs, beschämt in unser Bazilleninneres und entdecken nun hier nicht Leere und nicht Stille, nicht Ungestalt und nicht Wirrnis, sondern sehen wieder wie droben außer und über uns so nun in und unter uns einen Himmel, in dessen Räumen sich der Blick verliert, sehen wieder Myriaden kosmisch geordneter Zellsysteme, wieder zahllos wie der Sand am Meer, dicht gedrängt wie der Staub in Wolken, und jedes dieser Pünktchen ist wieder wie droben jeder Lichtpunkt ein kleines All für sich, in dem Welten aus dem Unsichtbaren tauchen und in Sphären kreisen, Sonnen strahlen und sich teilen, Pole ihre magnetischen Felder ziehen und Kometen ihre Bahnen wandeln, Bahnen, die an Schönheit und Gesetz die Milchstraßen des Himmels und die Kometenläufe des Firmamentes überbieten, — und dieses Universum, das sind wir! Der Mensch, ein Bazillus im Weltall, ein Weltall in einem Bazillus! Zu klein, sich in den Makrokosmos der Welten aufzuschwingen, zu groß, sich in den Mikrokosmos seines Wesens zu versenken, denn es ist nicht seine Macht, die Sonnen in die Räume streut und Zellen in ein Pünktchen drängt, tastet er vergebens mit seinen Zwergenfingern an den Planeten, sie zu umklammern, greift er vergeblich mit seinen Riesenhänden nach den Zellenwelten, sie zu fassen, als staubgeborener Sohn der Erde zum Menschlichen und Mittelmaß verdammt, kann er, zwischen Sternen und Zellen wandelnd, nur das Geheimnis ihres Daseins verehren, doch zu begreifen, ist ihm versagt . . . .

Neben der geradezu an Ehrfurcht grenzenden Achtung vor den Erscheinungen des Zellebens hat die Gesetzmäßigkeit der Vorgänge die Forscher ermutigt, nicht in stummer Bewunderung vor ihnen zu verharren, sondern diesen Gesetzen nachzuspüren, die Bedingungen ihres Ablaufs zu ergründen, im praktischen Versuch zu verwirklichen und so die Mechanik des Zellebens nachzuahmen. Trotz ihrer geringen Zahl und Anspruchslosigkeit sind diese Versuche ebenso interessant wie vielverheißend ausgefallen.

Als erster Versuch berühmt geworden ist die „künstliche Zelle" von Traube. Leim und Gerbsäure verbinden sich zum festen gerbsauren Leim. Träufelt man in eine Gerbstoff(Tannin-)lösung, wie man sie in jeder Drogerie erhält, einen Tropfen Leim, so bildet sich auf der Oberfläche des Leimtropfens eine feste Haut gerbsauren Leims, während das Innere des Tropfens flüssig bleibt. Zwischen dem flüssigen Leim innerhalb und der Gerbstofflösung außerhalb der Tropfenhaut beginnt nun auf dem Weg der Osmose ein Stoffaustausch. Der Leim nimmt durch die Hülle hindurch Wasser auf, quillt, sprengt die Haut und tritt aus. Sobald er aber hierbei mit der Gerbstofflösung in Berührung kommt, verwandelt er sich in festen gerbsauren Leim und schlägt sich als Haut über den Riß nieder. Nun beginnt das Spiel von neuem, bis der ganze Leim ausgetreten ist. Durch das beständige Austreten und Niederschlagen des Leimes wird die Kugel immer dicker und bietet so das anziehende Spiel des Wachstums.

Unvergleichlich weiter führten die Versuche, die der französische Arzt Stephan Leduc angestellt hat. Auch diese stützen sich fast ausschließlich auf den Austausch von Stoffen zwischen Lösungen verschiedener Stärke (Diffusion und Osmose). Er träufelt Tropfen einer 5-10%igen Ferrozyankalilösung auf Glasplatten, die mit einer halbfesten Gelatine überzogen waren, und erhielt Figuren, die mit Kolonien von Zellen auffallende Ähnlichkeit besitzen. Die entstehenden zellförmigen Gebilde zeigen sogar in ihrer Mitte kernartige Verdichtungen wie echte Zellen.

Doch damit nicht genug. Leduc verrieb etwas Tusche in Salzwasser und ließ davon einen Tropfen auf eine Glasplatte fallen. Zu beiden Seiten des Tropfens legte er je einen Tropfen einer stärkeren Salzlösung. Wenn sich die drei Tropfen berühren, so beginnen die beiden äußeren infolge der größeren Stärke ihrer Lösung die Tusche aus dem mittleren in sich hineinzuziehen, und zwar — wie merkwürdig! — zu genauen Hälften durch eben jenen komplizierten Halbierungsmechanismus, durch den die Farbmasse des Kerns bei der Zellteilung halbiert und auseinandergezogen wird. Es bildet sich eine Strahlungsfigur, die Tuschekörner sammeln sich zu einem Knäuel, bilden einzelne Stränge, die sich haarnadelförmig biegen und so den Chromatinschleifen täuschend ähneln, diese bilden eine sternförmige Figur, sollen sich sogar längs teilen wie die Kernschleifen und wandern dann zu den beiden Polen der Spindelfigur auseinander (Abb. 18, Tafel V).

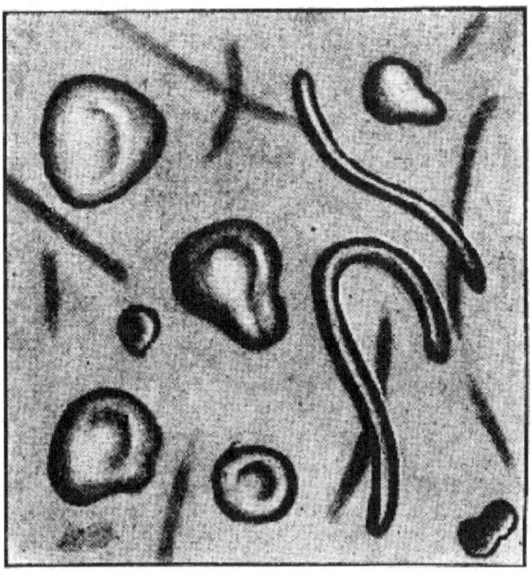

Abb. 19. Flüssige Kristalle (nach O. Lehmann) bewegen sich wie Lebewesen.

Diese Leducsche Figur ist nur eine Einzelheit aus einer ganzen Welt überraschendster Ähnlichkeiten, die in den letzten Jahren zwischen rein mechanischen Vorgängen und Lebensprozessen aufgefunden wurden. Neben Leducs osmotischen Versuchen, die in wunderbarer Naturtreue die Bildung von Zellen, Kieselschalen, Kalkgehäusen, das Wachstum von Bazillen, Algen, Pilzen und Farnen vorführen, ist es vor allem die nach 30jähriger Kolumbusfahrt durchs Meer des Mikrokosmos von Otto Lehmann entdeckte neue Welt der flüssigen Kristalle, die als das aufgefundene Zwischenreich zwischen der toten und lebendigen Natur die Gemüter der Gelehrten heute mit nicht geringerem Staunen füllt als seinerzeit die märchenhaften Tier- und Pflanzenwunder Amerikas die Geister Europas bewegte. Die flüssigen Kristalle sind im Gegensatz zu den bekannten starren flüssig und beweglich. Sie fließen dahin wie kriechende Amöben oder schlängeln sich wie Bakterien wurmförmig und korkzieherartig, sie fressen, wachsen, vereinigen und vermehren sich wie niedere Lebewesen. Abgebrochene Teile ergänzen sie durch Wachstum (Abb. 19 u. 20).

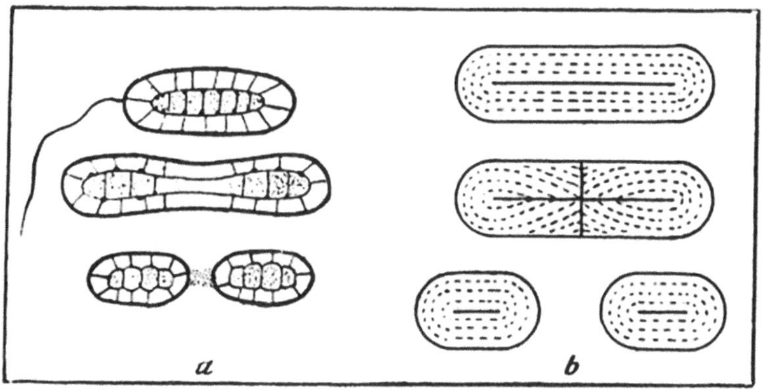

Abb. 20. Teilung a eines Bakteriums, b eines flüssigen Kristalles (nach Verworn und Lehmann).

Osmotische Figuren und flüssige Kristalle sind nicht leicht darzustellen. Dagegen kann sich jeder Amöbenbewegungen eines toten Stoffes vorführen, wenn er einen Tropfen ranzigen Öles auf Wasser fallen läßt, das etwas Kalilauge enthält. Durch die Bildung löslicher Seife am Rande verliert der Tropfen seine Kugelgestalt und kriecht infolge der gestörten Oberflächenspannung über die Wasserfläche dahin wie eine Amöbe. Noch interessanter ist der Schellack fressende Chloroformtropfen. Bringt man ein mit Schellack überzogenes Glasstäbchen in die Nähe eines Chloroformtropfens, so saugt dieser den Stab in sich hinein, wie eine Amöbe oder menschliche Wanderzelle Algen- und Bazillenstäbchen frißt, befreit durch Lösung des Schellacks das Stäbchen von seinem „nahrhaften" Überzug und stößt den abgefressenen Glasstab wie die Amöbe eine leere Algenschale aus (Abb. 21). Auch auf die Ähnlichkeit der Strahlungsfigur im Plasma mit magnetischen Kraftfeldern ist oftmals hingewiesen worden.

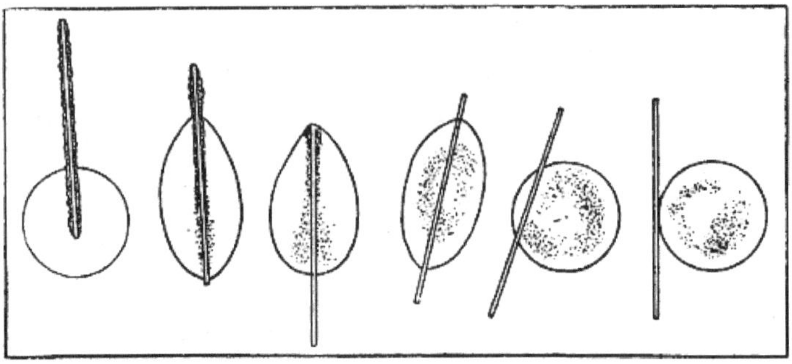

Abb. 21. Der schellackfressende Chloroformtropfen (nach Rhumbler).

Kein ernster Naturforscher wird glauben, durch solche Versuche die Lebensrätsel und Zellgeheimnisse unmittelbar lösen zu können, aber sie führen uns immer weiter auf dem Wege, die Lebensvorgänge als Mechanismen zu begreifen, sie enthüllen uns, daß selbst so verwickelt und scheinbar „vernünftig" laufende Prozesse wie die Zellteilung rein chemisch-physikalischer Natur sein können, und kräftigen uns so in der Auffassung, daß das Leben keine übernatürliche, von besonderen Lebenskräften beherrschte Erscheinung ist, sondern nur die höchste Form all jener mechanischen Vorgänge, die wir unter ehernen Gesetzen im ganzen Weltall in gleicher Weise als das eine große, unergründliche Weltgeschehen laufen sehen und — leben.

Außer der Teilung kennen wir bis heute fast nichts aus dem inneren Leben der Zelle. Wie in einer Fabrikstadt, deren Schlote wir von einem Berge aus im Nebel nur angedeutet ragen sehen, ohne erkennen zu können, was dort in Dampf und Rauch gewonnen wird, vollzieht sich grau in grau vor uns das Wirken in der geheimen Werkstatt des Lebens. Man sieht nichts, und es geschieht alles. Wir stehen wie bei einem Zauberkünstler da vor lauter Tatsachen und begreifen kein Geschehnis. Und wie lockt die Begierde, das Geschehen zu begreifen, da das Geschehene doch so wunderbar! Man stelle sich doch vor: eine Zelle, so klein, daß in diesem Pünktchen auf dem i ihrer zwanzig Platz hätten, setzt sich aus 20 000 Plasmawaben zusammen. Diese bestehen aus Wasser, Salzen, Alkoholen, Glyzerin, Fetten, Phosphorfetten, Zuckern, Stärke, Leim, Aminosäuren, einfachen und zusammengesetzten, festen und flüssigen Eiweißkörpern, aus aromatischen Stoffen, Farbstoffen,

Pigmenten und noch hundert anderen chemischen Verbindungen. Diese sind in dem Pünktchen kunstvoll organisiert, jede genau an ihrem Platz und nicht einen Deut daneben. In der Mitte dieses Pünktchens liegt der Kern, zusammengesetzt aus Kernhaut, Kernsaft, Kernkörperchen, Kernnetz und den planvoll geordneten Körnchen der Farbsubstanz. Neben dem Kern liegt der Zentralkörper, der weit hinein ins Plasma strahlt, in dem wir wieder Fäden und Netze, Körner, Kanäle, Wände, Waben und Kammern in ungezählten Zahlen finden. All dies in dem einen kleinen Pünktchen, das kleiner ist als der zwanzigste Teil dieses i-Punkts. Und dieses Wundergebilde lebt! Es bewegt sich infolge einer Reihe eigenartiger chemischer Umwandlungen an einer Oberfläche. Es atmet, indem es Sauerstoff aus der Luft aufnimmt, in seinen Atemkörnern sammelt, das Sauerstoffmolekül in seine beiden Atome spaltet und in die Verbindungen seines Plasmas leitet. Es nährt sich: es nimmt Wasser und Salze, Zucker und Säuren, Alkohole und Fette und Eiweißkörper auf. Es besitzt eigene Stoffe für die Spaltung des Zuckermoleküls, eigene für die verschiedenen Eiweißkörper. Mit Hilfe dieser Stoffe zerlegt es Eiweiß in Aminosäureketten und diese Ketten wieder in die einzelnen Glieder, die Aminosäuren; Stärke in Dextrin, Dextrin in Malzzucker, Malzzucker in Traubenzucker und diesen in Kohlensäure und Wasser. Die Fette spaltet es in Glyzerin und Säuren, und diese zerlegt es weiter. Aus den gewonnenen Bruchstücken dieser Verbindungen vermag es wieder mit Hilfe ganz bestimmter Chemikalien Hunderte von verschiedenen Stoffen aufzubauen. Aus Aminosäuren baut das Pünktchen wieder Aminosäureketten und aus diesen wieder Eiweißmoleküle aller Art, die es mit allen möglichen Nebenstoffen verkuppelt, wie es deren gerade für seine Eigenzwecke bedarf. Aus Säuren und Glyzerin setzt es besondere ganz eigenartige Zellfette zusammen; an diese bindet es Phosphorsäure und andere Körper und baut so die verschiedenen Arten der Lezithine und andere Phosphorfette. Aus den niederen Zuckern stellt es die höheren zusammen, aus diesen Dextrin und Stärke. Alles dieses tut es nebeneinander und zu einer Zeit, ohne daß sich diese Vorgänge gegenseitig stören, und tut es ununterbrochen, um die Masse seines stets sich zersetzenden Plasmas zu erhalten und zu wachsen. Einen Teil der geschaffenen Verbindungen sammelt es an bestimmten Stellen als Vorratsstoff, um sie zu geeigneter Zeit zu verbrennen oder zu besonderen Leistungen zu verwerten, die die bisher genannten allgemeinen und allen Zellen zukommenden Lebenstätigkeiten noch weit übertreffen.

Das Leberzellenpünktchen beispielsweise, das so klein ist, daß man es als Sonnenstäubchen in der Mittagssonne nicht sähe (s. Abb. 11, Tafel IV), verrichtet außer diesen aufgezählten allgemeinen Lebenstätigkeiten noch mindestens zwanzig höchst verwickelte besondere Leberarbeiten, für deren jede der Mensch mit seinen heutigen Mitteln ein ganzes Laboratorium mit Assistenten, Kolben und Kochern, Filtrier- und Destillierapparaten und einen ganzen Schrank voll Chemikalien nötig hätte. Er brauchte Streichholz und Fließpapier, Atomtabellen und ein dickes Handbuch der Chemie, Geduld und Geist und tagelangen Fleiß, um auch nur eine von den zwanzig Leistungen nachzuahmen, die die Leberzelle in dem Viertelstündchen verrichtet, da wir im Mittagsschläfchen ruhen und in unserem satten Schlummer uns alles andere träumen lassen als die Wunder, die in unserem Innern vor sich gehen . . .

Durch die Leber fließen nach der Mahlzeit mit dem Blut aus dem Darm die Säfte der verdauten Speisen. Aus diesem durchfließenden Blut nimmt die Leberzelle die chemischen Verbindungen der eingeführten Nahrung auf. Sie reißt den Zucker an sich und setzt die Zuckermoleküle zusammen zu Stärke und bricht sie später wieder auseinander zu Zucker; sie nimmt die Aminosäuren der abgebauten Eiweißmoleküle auf und vereinigt sie mit Ammoniak zu Harnstoff und Harnsäure; diese verkuppelt sie mit den Metallen des Körpers, dem Kalium und Natrium, zu den Harnsalzen. Den Blutfarbstoff der täglich sterbenden Billion Blutzellen fängt sie aus dem Blute auf und verwandelt ihn in den grünlichen Gallenfarbstoff. Aus uns noch unbekannten Grundverbindungen baut sie die Gallensäure auf; diese verkuppelt sie mit Aminosäuren. Die Giftstoffe, die bei der Eiweißverdauung im Darm frei werden, wie die Karbolsäure, speichert sie in sich auf und macht sie durch Verkuppelung mit Schwefelsäure unschädlich. Karbol- und Schwefelsäure! Mit solchen Giften operiert die Leberzelle Tag für Tag und verbrennt sich nicht und vergiftet sich nicht! Und viele andere Gifte hält sie fest, die der Mensch in seiner Unnatur in seinen Körper hineingießt und hineinbläst, so das Koffein des Kaffees und das Nikotin des Tabaks, das Morphium, das Opium und das Veronal, und verwandelt sie durch Abbau und Verkuppelung in harmlose Stoffe. Aus dem großen Reichtum der ihr zufließenden Chemikalien braut sie die Galle, ein Elixier von über dreißig verschiedenen Tinkturen und Essenzen, gegen das alle Benediktiner und Karthäuser Stümperware sind. Und bei alledem hat sie noch Zeit, ihr eigenes Leben zu führen, sie nährt sich, atmet, wächst, empfindet und, höchste aller Unbegreiflichkeiten, dieses Wunder stirbt nicht: eines Tages wandert in dem Mikropünktchen das tausendmal kleinere Ultrapünktchen, der Zentralkörper, spaltet sich und durchstrahlt das Plasma, der Kern schwillt, das Chromatin in ihm windet sich wie eine erwachende Schlange, bildet Rand, Knäuel, Schleifen, den Teilungsstern, spaltet sich und wandert zu den Polen, und all dies, davon ein Menschenmund nicht aufhören kann zu erzählen, vollzieht sich ohne Lärm und Laufen, ohne Rad und Rauch, ja ohne daß wir mit den stärksten Mikroskopen überhaupt sehen, daß etwas vorgeht, und dies alles in dem einen winzigen Pünktchen, davon zwanzig auf dem i-Punkt Platz finden, ohne sich zu drängen!

Und wie in der Leberzelle ist's in allen anderen der 30 Billionen Zellenpünktchen unseres Leibes. Was die Leberzelle vermag, das kann in ihrer Art die Nierenzelle, die aus Blut den Harn bereitet, das schafft die Darmzelle, die die Nahrungsstoffe aufnimmt oder die Magenzelle, die Salzsäure und Pepsin fabriziert, die Herzzelle, die täglich 100 000 Male zusammenzuckt, die Hirnzelle, die Gefühle empfindet und Gedanken erdenkt und, größtes aller Wunder, in diesem Augenblick über ihr eigenes und das Zauberleben ihrer Geschwister in Schwingung und Bewunderung gerät. 30 Billionen solcher lebender und webender Zellenpünktchen sind ununterbrochen in deinem Leibe geschäftig, sie hüpfen und halten, fließen und kriechen, bauen und brauen, sehen und hören, fühlen, denken, wollen und wissen, und all ihr Leben zusammen, das ist dein Leben, das bist du!

Wir und die Zellen, aus denen wir bestehen, sind eins. Ich bin sie, und sie sind ich. Ist das Haar, das ausfällt, nicht ich? Ist der Nagelreif, der sich am Scherenrande abrollt und nun am Boden liegt und fortgefegt wird mit dem Kehricht, nicht ein Stück von mir? Bin ich etwas anderes als meine Hand, als mein Hirn? Und sind sie etwas anderes als ihre Zellen? Nehmt sie auseinander, Stück für Stück und Faser für Faser, daß ihr auch nicht das kleinste Stäubchen übergeht, sie sind nichts als ihre Zellen. Mensch ist ein Sammelname für eine Summe zusammenlebender Zellen. Ihr Wohlsein ist unsere Gesundheit, ihre Krankheit unser Leiden, ihr Sterben unser Tod. Wie es in Wirklichkeit kein Leben eines Volkes gibt, sondern nur das Leben seiner Bürger, so gibt es im Grunde kein Leben eines Menschen, sondern nur das Leben seiner Zellen. Wenn Staaten Kriege führen, so sind es Menschen, die gegeneinander kämpfen, und nicht Länder; wenn der Mensch Bewegungen ausführt, Säfte erzeugt, Schmerzen empfindet, Gedanken denkt, so sind es Zellen, die sich bewegen, fühlen, Säfte brauen, und nicht der Mensch. Der Mensch als solcher kann gar nichts. Heiß dein Herz stille stehen! Befiehl deinem Darm, sich nicht zu schlängeln! Halt den Umlauf deines Blutes ein! Erröte! Erröte nicht! O, was gäbst du manchmal darum, wenn du nicht erröten m ü ß t e s t! Werde einmal nicht müde, wenn deine Zellen schlafen wollen! Schlafe einmal, wenn deine Hirnzellen munter sind und du dich nächtens qualvoll auf dem Lager wälzst, vor Ohnmachtswut dem Weinen nahe! Stottere nicht, Stammler! Steh auf, Gelähmter! Unmusikalischer, singe diese Melodie mir nach! Erhebe dich auf den Flügeln des beschwingten Geistes, Phlegmatiker! Ihr könnt nicht? Ach, nicht ihr seid es ja, die leben und leiden, kraftvoll oder schwach sind, es sind eure Zellen, und den Zellen könnt ihr nicht befehlen. „L'état c'est moi!" rief einst der König von Frankreich, „Der Staat, das bin ich!", und stolz wiederholt es heute ein jeder von uns, da wir in Staaten leben, darinnen jedes Bürgers Stimme gilt. Aber „l'état c'est moi!" hallt es nach in unserem Innern und klingt das Echo durch die Reihen der 30 Billionen Zellenbürger unseres Körpers, und jede Zelle wiederholt es stolz: „Der Mensch, das bin ich!"

Menschenleben ist Zellenleben. Wenn wir atmen müssen, so sind es Zellen, die Luft begehren, und wenn wir Hunger haben, so hungert nicht uns, sondern eine Gruppe von Zellen in der Magenwand verlangt nach Nahrung, weil sie angefüllt ist mit Verdauungssaft. Nicht du bist es, der diese Worte sieht, und nicht deine Augen sind es, sondern einzig und allein ganz bestimmte Zellen des Augenhintergrundes, die die Fähigkeit erworben haben, die Billionenzahl der Ätherzellen zu registrieren, und nicht du bist es, der diese Wortbilder auffaßt und in Vorstellungen ummünzt, sondern nur eine ganz bestimmte Gruppe von Zellen der grauen Großhirnrinde besitzt die Fähigkeit, die Ätherwellen-Morsezeichen, die der Sehnerv ihnen übermittelt, in Begriffe umzusetzen. Jeder Mensch kann nur begreifen, denken und handeln, wozu die Zellen seines Hirnes ihn befähigen. Raubt einem Menschen jenes Säulchen feiner Zellen, das in seinen Ohren schwingt, und ihr machtet ihn, der eben noch entzückt den Symphonien der Musik gelauscht, nun taub für alle Schönheit atmosphärischer Rhythmen. Blättert die Tapete zarter Zellen seiner Netzhaut ab, die so dünn ist wie eine Spinnenwebe, und ihr blendet den lichtbegeisterten Genius zum ewig Blinden, der sich durch die Finsternisse seiner Nächte wie ein Schatten hintastet. Was ist der Mensch, der sich so groß und herrlich dünkt, so frei und niemand untertan? Daß er sich mit dem Purpur des Königs umkleidet, mit dem Hermelin des Kaisers umbrämt? Nicht einmal er selbst. Ein Zellensklave. Er mag über ein Reich gebieten, in dem die Sonne nicht untergeht, er kann nicht hundert Zellen seines Herzens befehlen; wenn sie erlahmen, muß er sterben. Den Aufstand von Nationen mag er unterdrücken, gegen ein Häuflein rebellischer Zellen in seinem Innern wird seine Königsmacht zuschanden. Heute künden ihrer tausend seines Hirnes ihm den Dienst, und dem Helden von gestern zittern die Knie; morgen fallen ihrer tausend ab, und das Wort erstirbt ihm auf der Zunge, und er vergißt den Namen seines Weibes; übermorgen werden abermals ihm tausend untreu, und er vergißt sich selbst, dahin sind Seele, Geist, Charakter und Gemüt, — ein lebender Leichnam, weniger als ein Hund, wälzt sich in seinem Unrat, und die gefeierte Persönlichkeit von gestern ist heut ein irrer Leib, ein Haufen Knochen und Gedärm ohne Halt und Herrschaft, der wunsch- und willenlos verkommt, wenn sich der Wärter seiner nicht erbarmt. . . . O Mensch, o Mensch, du Alles und du Nichts! Den Dingen gegenüber so groß und so mächtig, und dir selber so gar nichts und so nichtig, du Knechter der anderen und Knecht deiner selbst, du Herrscher der Welt und Sklave deines Ichs! Wasserfälle heißt du deine Räder treiben, Blitze deine Nacht erhellen und auf Flügeln schwingst du dich, der Urgesetze spottend, über Wolken, und doch:

„Setz dir Perücken auf von Millionen Locken,Setz deinen Fuß auf ellenhohe Socken,Du bleibst doch immer, was du bist",

— eine Kolonie punkthaft kleiner Tierchen, die nicht du sind und denen du nicht zu befehlen hast, sondern die dir befehlen und dich heißen, das zu tun und das zu sein, was sie sind. Sterne wiegst du in den Nächten, malst Madonnen, lockst aus Saiten Symphonien, den Adler stürzt du aus den Lüften und die Zeder neigt vor dir die Wipfel, — und in dir selber bist du eingekerkert in die Zelle eines Pünktchens, das zu klein ist, daß dein Aug es sähe, und zu fein, als daß dein Fuß es träte, und doch dein so wenig achtend, daß es nicht den flehendsten Wunsch dir ablauscht und nicht die bescheidenste Bitte dir erfüllt. Wie es lebt, so mußt du sein, und wenn es stirbt, so mußt du sterben, ob auch Locken deine Stirn noch schmücken und du noch mit offenem Munde nach den Wonnen dieses Lebens langst, denn das Pünktchen, dieses fremde, eigenlebende, dir nicht dienende und dein nicht achtende Pünktchen, die Zelle, das bist du! Du großer, kleiner Mensch! Du armer Reicher! Soll ich vor dir niederknien und dich preisen, daß du so groß bist, oder mein Haupt verhüllen und dich beweinen, daß du so elend, du wunderlicher Sohn des Chaos? Du wandelnder Widerspruch! Zellenherr und Zellenknecht!

Die Amöbe ist eine Einzelzelle. Sie ist ein Einsiedler, der allein gestellt seine Tage verbringt und alle Notwendigkeiten des Lebens selbst verrichtet. Weitaus die meisten Wesen der Welt sind Einzeller. In einem Wiesentümpel leben ihrer mehr und vielleicht ebenso verschiedene wie die ganze Nordsee an Vielzellen beherbergt. Trotz ihrer einzelligen Natur haben sie sich hoch über ihre Stammesmutter, die Amöbe, entwickelt und ihre eine Zelle in so wunderbarer und den großen Geschöpfen ähnlicher Weise ausgebildet, daß man sie früher nicht für Zellen, sondern für verkleinerte Tiere mit Augen, Gedärmen, Knochen und Gehirn gehalten hat. Sie haben sich Schutzdecken gebaut, Panzer von oft bezaubernder Schönheit, Füßchen, Wimpern, Fühler, Schwänze, Stacheln ausgestreckt, Hohlräume, Furchen, Kanäle, Säume, Muskelfasern, Stiele, Rippen, Augenflecke gebildet, so daß Fülle und Buntheit der Formen und des Lebens das Reich der Einzeller zu einem geradezu phantastischen Paradies gestalten, in das man durch jeden Tropfen Wassers aus Teich, Tümpel, Fluß, Aquarium, Blumenglas und Heuaufguß hineinschauen kann und zu dessen Studium ein ganzes Menschenleben nicht hinreicht. Die Bakterien, die jedes Winkelchen der Erdoberfläche in unaussprechlichen Scharen bevölkern, die Kieselalgen, die weite Strecken Landes überdecken, die Pilze der Hefe, die Aufgußtierchen (Infusorien), die herrlichen Strahlentiere (Radiolarien), die Haeckel aus der Tiefsee fischte, und die Kreidetiere, die den Jura aufbauen, sind Einzeller.

Neben dieser Einzelausbildung tritt schon frühzeitig eine andere Art der Vervollkommnung und Schutzwehr auf, die Zellvereinigung, so wie im Menschenreich neben den Einsiedlern und Raubrittern die Zünfte sich entwickelten. Als ein Urtrieb offenbart sich schon auf niederster Stufe die

Sehnsucht nach Verkettung, Familienbildung, Gesellschaftsleben. Amöben einfachster Art fließen zusammen und bilden Amöbenverbände; die Lohblüte auf der Gerberlohe, an der Reinke seine Plasmauntersuchung vornahm, ist ein solcher Verband von Amöben (Abb. 22a, Tafel VII).

Sobald die Zellen eine feste Gestalt angenommen haben, können sie nicht mehr einfach zusammenfließen wie die tropfenhaften Amöben. Sie können sich nur aneinanderlegen, zusammen hausen und Kolonien bilden wie nebeneinander wohnende Menschen. Das reizende Glockentierchen (Vorticella) wohnt in solchen Kolonien, wie sie Ehrenberg, der Altmeister der Infusorienforschung, in nebenstehendem Bilde gezeichnet hat (Abb. 22b).

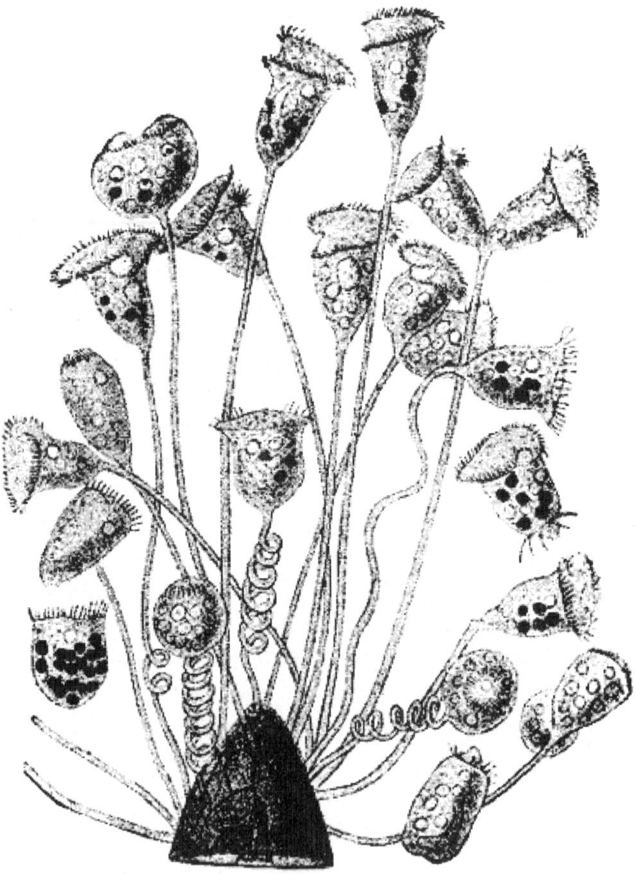

Abb. 22b. 1. Stufe der Zellengemeinschaft: Offene Kolonie durch gemeinsamen Wohnsitz (Glockentierchen).

Jedes dieser Glöckchen ist eine Zelle, die aus einer Plasmaglocke mit Wimpersaum und einem Stiel besteht, der sich wie eine Spiralfeder zusammenrollen kann. Am äußersten Rande der Kolonie sitzt ein einzelnes Tier. Wie eine Tulpe schwebt das Glöckchen auf dem Stiele, die Wimpern seines Saumes schlagen rhythmisch im Kreis und erzeugen einen Strudel, in den kleine Tierchen hineingewirbelt werden, um für immer in dem zwar schönen, aber gefräßigen Kelch zu verschwinden. Da kommt ein hungriger Feind, ein Kesseltier, herangerudert. Wie ein Raubtier stürzt es sich auf das einsame Glöckchen, und ehe wir recht erkennen, was geschieht, hat der Unhold wie ein Knabe eine Distel die Glocke von ihrem Stiel gerissen und verschlungen. Dicht daneben schlägt die zwanzigzellige Kolonie als ein wahrer Baum des Lebens mit tausend Wimpern. Das Kesseltier stürzt beutelustig auch auf seine Glocken, aber da packt es der Strom des strudelnden Baumes, und nur mit Mühe entrinnt es der Charybdis. So bewährt sich die Macht der Einigkeit. Der Strudel der zwanzig Glockentiere ist zwanzigmal stärker in der Herbeischaffung der Nahrung, zwanzigmal stärkere Tiere werden von jeder einzelnen Glocke gefangen, und naht ein Feind, so wehren zwanzigfache Kräfte seinen Angriff ab.

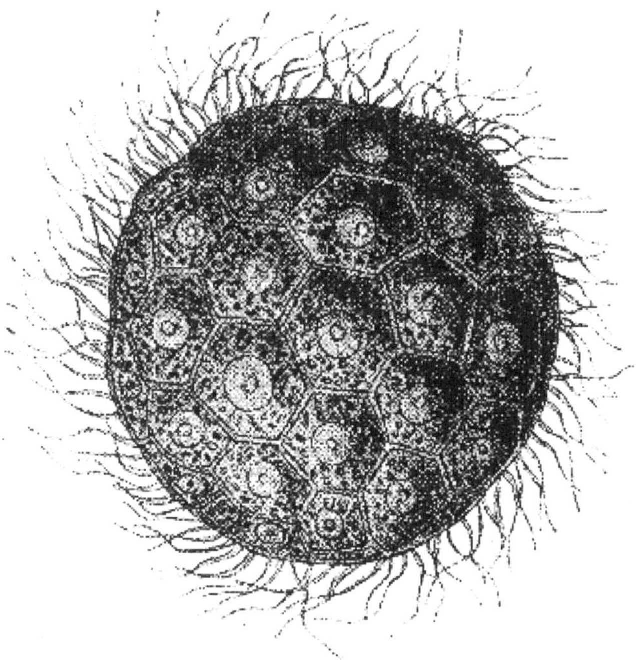

Abb. 22c: 3. Stufe der Zellgemeinschaft. Geschlossene Kolonie durch auflösbare Kugelgemeinschaft von Wimpernzellen (Norwegische Flimmerkugel).

Stiellose Zellen vereinigen sich zumeist durch einfaches Aneinanderlegen und Gruppieren um einen Mittelpunkt, wodurch sie Zellkugeln bilden. Haeckel fand in den nordischen Gewässern eine Zellenkolonie aus 32 Einzelzellen, die eine Kugel bilden und sich mit Flimmern im Meere tummeln. Nach einer gewissen Zeit zerfällt die Kugel, und die Einzelzellen werden wieder frei (Abb. 22c).

In dieser Freiheit der Einzelzelle liegt das Wesen der Kolonie im Gegensatz zum Organismus. Jede Koloniezelle ist ein freies Individuum, das sein eigenes Leben führt, aus dem Zellverband austreten und wieder ein Einzeltier werden kann. Aber das dauernde Zusammenleben führt bald zu Folgen, die für die Einzelzelle wie für den Zellverband von der tiefgehendsten Bedeutung werden. Eine kugelige Zellenkolonie steht der Außenwelt genau so gegenüber wie die kugelige Einzelzelle. Wie in dieser müssen sich auch hier die Fähigkeiten der Bewegung und Empfindung in den Außenbezirken, die der Verdauung und Fortpflanzung im Innern der Kugel entwickeln. Die Außenzellen, in dauernder Bewegung begriffen und unter ständigem Einfluß der Reize der Umwelt, werden Spezialisten der Bewegung und Empfindung; in die abgeschlossenen Innenzellen wandern die Nahrungsstoffe und werden hier verdaut, wandern die wichtigen Erbmassen und werden hier in besonderen Zellen, den Keimzellen, aufgespeichert. Durch diese einseitige Ausbildung verlieren die äußeren Zellen die Fähigkeit der Verdauung und Vermehrung, verlernen die inneren die Bewegung und Reizaufnahme, jene können ohne diese, diese können ohne jene nicht mehr sein, sie müssen von nun an untrennbar verbunden miteinander leben und miteinander sterben, — die Kolonie ist zum Organismus geworden.

In unseren Teichen lebt eine Zellkugel, Volvox oder Kugeltier genannt. Die Botaniker nennen den Volvox eine Pflanze, die Zoologen ein Tier, in Wahrheit steht er am Scheideweg der großen Lebensstraße, die aus der gemeinsamen Urheimat der Einzeller in die beiden Schwesterreiche der Pflanzen und Tiere führt. Dieser Volvox ist keine Kolonie mehr. In der norwegischen Flimmerkugel sind alle Zellen gleich und alle im Besitze aller Lebensfähigkeiten. Die Zellen des Volvox dagegen haben sich durch Arbeitsteilung in zwei Klassen geschieden, die Körperzellen und die Keimzellen, die auf je eine Kugelhälfte verteilt sind. Die Kugelhälfte mit den Körperzellen ist bei der Bewegung nach vorn gerichtet; ihre Zellen ertasten den Pfad und suchen die Nahrung. Die Keimzellen der Gegenhälfte kümmern sich nicht um die Außenwelt, ihre Bestimmung sind innere Aufgaben, sie dienen einzig der Fortpflanzung, und aus ihrem Bezirk wachsen die Tochterkugeln, die sich später von der Mutterkugel lösen. Durch diese Arbeitsteilung haben die Körperzellen die Fähigkeit verloren sich fortzupflanzen, haben die Keimzellen verlernt, Nahrung zu suchen, sind sie untrennbar aufeinander angewiesen, ist die Volvoxkugel ein unteilbares Ganze geworden. Der Volvox ist der erste Zellverband mit Arbeitsteilung, der erste Organismus (Abb. 22d, Taf. VII).

Die älteste und wichtigste Arbeitsteilung im Organismus ist die Scheidung in Körper- und in Keimzellen. Bei höherer Entwicklung treten in beiden Gruppen weitere Arbeitsteilungen ein. Die Keimzellen sondern sich in männliche und weibliche. Die Körperzellen scheiden sich zuerst in Bewegungs- und Ernährungszellen; alsdann die Bewegungszellen wieder in solche, die den Weg ertasten, dadurch das Gefühl ausbilden und Sinneszellen werden, und in solche, die sich ausschließlich der Fortbewegung widmen und zu Muskelzellen umwandeln. An der Körperoberfläche bildet sich ein Teil der Zellen zu Schutzzellen, Panzer- und Deckzellen, aus, oder zu Kampfzellen, die Stacheln ausstrecken und Gifte ausscheiden. Unter den Sinneszellen werden die einen Spezialisten für die Aufnahme von Lichtreizen (Sehzellen), die anderen von Schallwellen (Hörzellen). Die Ernährungszellen teilen sich in solche, die die Nahrung aufnehmen, indem sie diese mit Wimpern in den Körper hineinstrudeln (Wimper- oder Flimmerzellen), und solche, die im Innern des Körpers die hineingestrudelte Nahrung durch Säfte chemisch zerlegen und verdauen (Drüsenzellen). Weitere Arbeitsteilungen unter ihnen führen zur Ausbildung von Lungenzellen für die Aufnahme der Atemgase, von Blutzellen für den Umlauf der Gase, von Nierenzellen für die Ausscheidung der Verdauungsschlacken, von Fettzellen für die Speicherung der Nährstoffe, Nervenzellen für die Leitung der Reize usw., so daß der Körper eine immer feinere Organisation erfährt, bis wir schließlich in den höchsten Geschöpfen Zellenstaaten mit hundert verschiedenen Zellspezialisten vor uns sehen, die, wie im Menschenstaat die verschiedenen Berufe, für einander arbeitend und auf einander angewiesen, harmonisch und festgefügt zusammenleben. Der Zellenstaat des menschlichen Körpers ist ein Staatswesen von einer Größe und Durchbildung der Organisation, daß selbst der genialste Staatsmann aus seinem Studium die fruchtbarsten Anregungen zu schöpfen vermöchte. Seine Übereinstimmung mit dem modernen Staatswesen ist so durchgreifend, daß sie sich weit über das Maß eines äußeren Vergleichs erhebt und im Lichte einer einheitlichen Naturauffassung den Menschenstaat als die natürliche Höherordnung des Zellenstaates erscheinen läßt.

Der menschliche Zellenstaat vereinigt 30 Billionen Bürger, also rund 500 000 mal soviel wie das Deutsche Reich. Seine Verfassung ist im Gegensatz zur Monarchie des Bienenstaats die einer Republik, in der die Bürger in Kasten eingeteilt sind, unter denen die gebildetsten, entsprechend ihren höheren Fähigkeiten, nach genau festgelegten Machtbefugnissen die Vorherrschaft führen. Man kann sagen, der Zellenstaat ist eine Republik unter der Vorherrschaft einer erblichen Geistesaristokratie. Diese Geistesaristokraten sind die Hirnzellen. Anarchie und Tyrannei sind in der Zellenrepublik unbekannt, Regierungsschwäche und Bürgerstreitigkeiten selten. Die persönliche Freiheit des einzelnen Bürgers ist sehr gering. Die Wirtschaftsform ist ein strenger Kommunismus mit genau vorgeschriebenen Arbeitspflichten und ebenso genau abgemessenem Arbeitslohn. Freie Arbeitswahl, Eigenwirtschaft, Privatbetriebe, eigennützige Gesellschaftsbildung, Anhäufung von Vermögen zuungunsten der Nachbarn und der Allgemeinheit, Selbstversorgung, Freizügigkeit, Luxus und freiwillige oder unfreiwillige Arbeitslosigkeit sowie Rentenwirtschaft und Zinsunwesen sind im Zellenstaat nicht gäbe.

Jede Kaste hat ihren vorgeschriebenen, angeborenen, wie bei den japanischen Meistern vom Vater auf den Sohn ererbten und dadurch zu höchster Blüte getriebenen Beruf, arbeitet für den Staat und wird dafür vom Staat mit allen Mitteln versorgt. Die Hauptkasten sind: die Bewegungszellen, die zu Muskelheeren vereinigt sind; die Drüsenzellen, die in den chemischen Staatsbetrieben der großen Körperdrüsen arbeiten, in den Speicheldrüsen des Mundes Speichel, in den Salzsäurefabriken des Magens Pepsin und Salzsäure, in den Zuckerraffinerien der Leber Zucker und Stärke, in den Molkereien der Brüste Milch, in den Gerbereien der Haut Leder, in den Hornfabriken der Haare Schildpatt und in den Ölmühlen der Gelenke Achsenschmiere bereiten. Der weitaus größte Teil der Zellen dient dem allgemeinen Verkehr, der den Fabriken die Betriebsstoffe zuleitet, die fertigen Erzeugnisse im Lande verbreitet, die Nahrungsmittel umherträgt und die Abfallstoffe ausführt. Diese Verkehrszellen sind die Blutkörper, die Goldmünzen des Reiches, die im Knochenmark geprägt werden und in dem Innern der panzerfesten Gebeine sicherer liegen als in den Wasserkellern und Stahlkammern unserer Banken. Der Zellenstaat hat seine Börsen, Banken, Münzen und Wechselkassen. Die Reichsmünze ist das Knochenmark. Hier wird das Gold des Blutes geprägt. In jeder Sekunde verlassen fünf Millionen Münzen die Prägeanstalt und laufen in den fließenden Geldstrom des Zellenstaates, das Blut. Die Reichsbank ist die Leber, die den Geldstrom dauernd kontrolliert, das abgenützte Geld einzieht, einschmilzt und das Rohmaterial zu neuer Prägung an das Mark zurückführt. Die Bankfilialen sind die kleinen Lymphdrüsen, die über das ganze Reich verteilt und an jeder Straßenecke und Wegkreuzung aufzufinden sind. Sie dienen zugleich als Zollstationen, in denen das vorbeifließende Blut auf staatsfeindliche Gifte und Fremdware untersucht wird. Eine Hauptfiliale ist die Milz, die daher bei allen Vergiftungskrankheiten mit den Lymphdrüsen anzuschwellen pflegt. Der im Umlauf befindliche Geldbestand des Reiches wird mit Beharrlichkeit auf 22 Billionen Einzelmünzen gehalten. Die Überschüsse, die der Staatshaushalt erzielt, werden nicht, wie unzweckmäßigerweise in unseren Menschenstaaten, in der unverwendbaren Form von Gold, sondern als brauchbarer Rohstoff in Gestalt von Fett durch eine besondere Zellkaste aufgespeichert und verwaltet. In den weitverbreiteten Fettspeichern der Unterhaut, in allen Lücken zwischen den Organen und längs der großen Aderstraßen werden die Fettvorräte gesammelt und bilden für die Zeit der Not und Kriege unerschöpfliche Lager von Munition und Proviant. Die regierende Kaste des Zellenstaates, die Nervenzellen, führen hoch oben in der palastartig ausgebauten Schädelkapsel, wahrhaft an der Spitze des Staates, als Gehirn ihr zwar sorgenfreies, aber verantwortungsvolles und inhaltschweres Leben. Milliarden von Zellbeamten sind hier als erste Diener ihres Staates tätig. Die einen arbeiten in den Handelsministerien des Nackenmarks, das die Kanäle und Schleusen der Blutbahn reguliert und durch Weiten der Adern das Blut je nach Bedarf der Nahrungseinfuhr in die Därme, bei Muskelarbeit in die Muskeln, bei Gedankentätigkeit ins Hirn und bei Kälte in die äußere Haut hinleitet, um so den frierenden Grenzbewohnern Wärme zu senden. Andere arbeiten in den Ministerien des Verkehrs, das den Lauf der Muskel leitet, die Finger führt, die Zunge zur Sprache und die Augen zum Lesen bewegt. Im Kultusministerium der grauen Großhirnrinde sitzen die Denkzellen, die Gedanken ersinnen, Erinnerungen in die Registratur des Gedächtnisses schreiben, Zahlen in ihren Rechnungsbüchern zusammenstellen, Eindrücke in die Wachsplatten des Gemütes prägen und die Begriffe in das Fachwerk der Logik reihen. Tausende sitzen an den Morseapparaten der Sehhügel und befördern nach dem Rhythmus der Ätherwellen, die in dieser Sekunde von den Buchstaben dieser Worte in dein Auge fallen, das Morsealphabet der Lichtsignale in die Ministerien der Erinnerungen und Wortbildungen, der Ideenverbindung und Gefühlsverkettung. Tausende sitzen an den Telephonen der Ohrleitung und verbinden die einzelnen Regierungsabteilungen mit den Anrufen der Außenstaaten, die durch die Luft drahtlos wie Funksprüche herüberklingen. Durch ein einzigartiges Telegraphennetz mit hunderttausend Haupt- und Nebenleitungen, Schaltungen und Umformern stehen die Regierungsabteilungen untereinander und mit allen Organen des Reiches in Verbindung und führen Tag und Nacht die diplomatischen Geschäfte des Zellenstaates. Ein Wille der Regierung, und das Staatspumpwerk des Herzens verdoppelt seine Schlagzahl, ein Befehl der obersten Zellbehörde, und der Magen entleert durch Brechen seinen Inhalt, der als staatsverderblich befunden wurde. Eine Beleidigung der Regierung, und flammende Röte des Angesichts kündet den Zorn des beleidigten Volkes, eine Bestürzung der Schwäche in dem Kabinett der obersten Leitung, und das Staatsgebäude erzittert in seinen Festen durch Mark und Bein.

Der Größe und inneren Organisation des Staatswesens sind seine technischen Einrichtungen würdig. Seine Hautgrenze ist mit Milliarden Panzerplatten aus Horn, den Hautzellen, befestigt. Ein dichter Wald von Haaren deckt sie. Unzählige selbsttätige Signalapparate melden als Tastkörper fremde Berührung, als Wärmeapparate das Nahen von Hitze, als

Fühlhaare den kalten Luftzug, als Schmerzpunkte erlittenen Schaden. Gewaltige Sinnesorgane spähen als Festungen hinaus in Feindesland: die beiden Riesenleuchttürme der Augen, die die Ätherwellen des Weltalls auffangen und weiter reichen als alle Leuchttürme der Nordsee; die beiden gewaltigen Schallapparate der Ohren, die die Wetterstationen für die Wellenstürme der Atmosphäre sind, und der Gasalarmapparat der Nase, der giftige Dämpfe signalisiert.

Die Einfuhr überwacht der Mund, der große Einfahrtshafen des Zellenreiches, in dem die wachsamste und unbestechlichste Zollbehörde, die nur ein Staat sich wünschen kann, mit tausend Geschmacksapparaten auf Zunge und Gaumen alle einlaufenden Waren überprüft, mit Wollust alle labenden Speisen passieren läßt, mit Abscheu allen widerwärtigen Unrat zurückweist. Das diamantenscharfe Fallgatter der Zähne überwölbt als Festungstor die Einfahrt, fällt auf alle übermäßig große Frachten nieder, teilt sie in Postpakete und übergibt sie Wangen und Zunge, die sie zu Bissen formen, mit Speichel schlüpfrig machen und dann in der idealen Torpedoform genau wie unsere Rohrpostbüchsen in den großen Verkehrskanal der Speiseröhre hinuntertreiben. Die eingeführten Waren werden in der großen Zentralmarkthalle des Magens aufgespeichert, mit Salzsäure desinfiziert, geschichtet und gestapelt und wandern dann wieder in kleinen Paketen in den Canale grande des Körpers, den Darm. Hier werden sie durch Säfte, die aus tausend chemischen Fabriken in Röhren zuströmen, verflüssigt und zersetzt und wandern durch Aufsaugröhren nun nochmals einer großen Quarantänestation zu, um hier abermals geprüft zu werden, ehe sie in diesem idealen Land der Volkshygiene frei verhandelt werden dürfen. Diese große Quarantänestation des Zellenstaates ist die Leber. Erst aus dieser wandern sie zollfrei in das Leitungsnetz der Adern und damit in das eigentliche Innere des Landes. Dieses Adernetz ist das gewaltigste Leitungssystem, das je einen Staat versorgt hat. Was sind die Wasserleitungen von Rom und Babylon gegen das Adernetz des Zellenstaates? Eine gewaltige Zentralpumpe treibt Tag und Nacht durch Kolbenstöße das Blut über einen hochgewölbten Wasserbogen durch elastische Gummiröhren, die sich in immer feinerer Verzweigung über alle Provinzen des Reiches ausbreiten und schließlich in feinsten Leitungen an allen Zellhäusern vorüberführen. Diese Kanäle haben keine Schleusen und keine Wehre, diese Leitungen keine Hähne und Hebel, sie sind die ideale schrauben- und gewindelose, elastische, sich selbst regulierende, nach Bedarf verengernde und erweiternde Wasserleitung, die der Zukunftstraum aller Techniker ist. Diese Leitung führt nicht nur das Wasser, sie leitet Nahrung, Gas und Wärme, führt das Arbeitsmaterial für die Fabriken, sie führt den Unrat und die Abwässer, sie vermittelt allen Frachtverkehr und Warenumsatz, allen Straßenhandel und Personenverkehr, sie ist die erträumte Universalstraße des Zukunftsstaates, Wasserleitung und Gaskanal, Abflußrohr und Straßengosse,

Warmwasserleitung und Dampfheizung, Bürgersteig, Trottoir roulant und Fahrdamm, Schiffahrtsweg und Schienenstrang, Fahrstuhl und Rohrpost zugleich. Aus dieser einen Röhre schöpft der Zellenbürger sein Wasser und sein Salz, sein Brot und sein Eiweiß, sein Fett und seinen Zucker, seinen Sauerstoff, seine Wärme und alle Rohmaterialien, die er für seinen Spezialberuf benötigt. In sie wirft er alles hinein, dessen er sich entledigen will, seinen Kot, seinen Kehricht, seine Abwässer und Speisereste, das ausgehauchte Atemgas und die Waren, die er in seiner Werkstatt verfertigt. Der Zellbürger braucht nicht auszugehen, um einzukaufen, sich nicht zu sorgen, daß er ernährt wird, er braucht keine Frau zu nehmen, die ihm sein Mittag kocht, und keine Magd, die ihm seinen teuren Braten verbrennt; er braucht nicht zu heizen, keine Luft zu schöpfen im Stadtpark und auf seinen Nachbarn nicht neidisch zu sein. Er erhält durch die große Staatsleitung alles, was er zum Leben braucht, und alle Bürger erhalten das gleiche. O du Schlaraffenland des Lebens! An dessen Häusern der Quell der Nahrung immerwährend vorüberfließt, dessen Bürger nur zu schöpfen brauchen, um zu genießen, in dem die Not nicht bekannt und der Neid nicht zu Hause, in dem alles jedem und jedem alles gehört.

Die Abfallstoffe auszuscheiden, durchläuft das Blut die beiden großen Wasserwerke der Nieren, in denen es in vielgewundenen Filtern entgiftet und geklärt wird, und fließt dann von neuem um. Die ausfiltrierten giftigen Abwässer laufen durch lange Röhren in das große Sammelbecken der Blase und werden von hier in abgemessenen Mengen ausgeschieden. An diese große Zentralleitung des Blutes ist neben der Maschinenhalle des Herzens als Riesenventilator die Lunge angeschlossen, in der in 1800 Millionen einzelnen Luftkammern die 22 Billionen Sauerstoffballons der roten Blutkörper ihrer Kohlensäure entladen und frisch mit Sauerstoff gefüllt werden, in jeder Sekunde eine Billion, rasch und geräuschlos, um dann von neuem in behendem Lauf davon und in der unvorstellbaren Kürze einer halben Minute durch die ganzen Aderstraßen des Reiches hindurchzueilen.

So lebt der Zellenstaat in gigantischer Größe, Schönheit und Vollkommenheit ein ideales Leben des tätigen Friedens und der bürgerlichen Eintracht. Aber auch im Reich der Zellen gibt es Feinde und Gefahr, Kämpfe und Kriege, gegen die der Großstaat durch ein stets wehrbereites Heer sich wappnet. Die Kriegskaste des Zellenstaates sind die Wanderzellen (Leukozyten), die in der Milz, den Lymphdrüsen und den weitverbreiteten Lymphgeweben geboren werden. Aus diesen wandern sie, als einzige von allen Zellen frei beweglich, frühe aus und führen in allen Gängen, Gassen und Plätzen des Zellenlandes ein abenteuerreiches Amöbenleben. In den Tagen des Friedens sind die Wanderamöben die Polizei des Zellenstaates. Wie der Polizist in den Straßen unserer Städte auf und nieder geht und überschaut, ob alles Leben sich im Sinn der Staatsgesetze vollzieht, so wandern die Zellpolizisten Tag und Nacht in den Aderstraßen, den Lymphwegen, auf den Plätzen zwischen den großen Organen, in den Hohlwegen der Gelenke und in den Schächten der Drüsen wach- und regsam umher. Nicht als Müßiggänger; vielseitig sind ihre Aufgaben und Arbeiten. Sie sind Straßenreiniger: wo sie einen Abfall sehen, der nicht in die Gosse lief, packen sie ihn und tragen ihn fort. Ist ein Fremdkörper eingedrungen in den Zellenstaat, liegt ein Splitterchen unter der Haut, ein Krümchen in der Gurgel, ein Fäserchen zwischen den Zähnen, ein Sandkörnchen in einer Falte des Darms, so laufen sie von allen Seiten herbei, spritzen Laugen und Säuren über ihn, daß er sich löse, oder nagen an ihm und fressen ihn auf, oder brechen ihn, wenn dies nichts fruchtet, unter Hilfe ganz besonders athletenhafter Riesenzellen Stück für Stück ab und tragen die Bröckchen davon, oder sie bahnen schließlich, wenn auch dies nicht möglich, wie Schneeschaufler im Winter eine Gasse durch das Gewebe, indem sie dieses zerstören, und „eitern" ihn so heraus. Sitzt er aber zu fest oder tief, so mauern sie ihn mit Kalk und Mörtel als „Narbe" in das Gewebe ein. In den Zeiten starker Einfuhr unterstützen sie den Verkehr als Lastträger beim Transport der Waren aus dem Darm in die Gewebe. Zu Millionen eilen sie nach der Mahlzeit aus allen Provinzen des Reiches an das Ufer des Darmkanals, nehmen das Fett der Nahrung in feinsten Tröpfchen in sich auf, wandern damit in die Adern und Lymphgänge, stürzen sich in den fließenden Strom und schwimmen fettbeladen in die Gewebe, wo sie ihre Fracht wieder abgeben. Endlich sind sie noch die Totengräber des Zellenstaates. Wo eine Zelle stirbt, eilen sie hin. Menschliche Sentimentalitäten sind dem Zellenstaate fremd. Die Leichen werden nicht mit Pomp und Reden begraben und nicht verbrannt, sondern als wertvolles Wirtschaftsmaterial wie die Tierkadaver in unseren Abdeckereien verwertet. Die Totengräber fressen die Leichen, und so kommt diesem Idealstaat der praktischen Wirtschaftsführung das Material der toten Zelle, das er der lebenden vorher gespendet, wieder zugute als Kraft und Stoff für neue Zellen, neues Leben.

In den Tagen der Gefahr dienen die Wanderzellen ihrem Vaterland als ein erprobtes Kampfheer von gewaltiger Schlagkraft.

Durch eine Schnittwunde der Haut wurde die Grenze des Reiches durchbrochen. Feinde des Staates, Bakterien, sind durch die Bresche in den Festungsgürtel eingedrungen. Sie morden die Zellen der Grenzwacht, besetzen die Ufer der Adern und mästen sich an dem rot fließenden Gold des Blutes und den warmen Nahrungssäften der vielverzweigten Lymphkanäle. Die Signalstationen der Haut senden Schmerzdepeschen an das Ministerium der Empfindung. Die Wunde brennt und pocht wie das Tickwerk eines läutenden Alarmapparates. Das Ministerium verkündet die Mobilmachung, und eine in des Wortes wahrstem Sinne fieberhafte Tätigkeit bemächtigt sich des ganzen Staates. In allen Werkstätten beginnt die Herstellung des Kriegsmaterials. Alle Essen werden geschürt, in allen chemischen Drüsenfabriken werden Abwehrstoffe hergestellt, das Herz schlägt schneller, die Lunge atmet hastig, um die Sauerstoffzufuhr zu erhöhen, durch die gesteigerten Verbrennungen in allen Arsenalen und Hochöfen, durch die vermehrte Reibung des rascher strömenden Blutes steigt die Innenwärme über das gewöhnliche Maß, das flammende Signal des Krieges im Zellenstaat leuchtet empor: das Fieber. Dem Übermaß der Wärme zu steuern und die gewaltig anschwellenden Massen giftiger Schlacken aus allen Betrieben zu entfernen, pumpen die Drüsen der Haut wahre Ströme schlackenbeladenen Schweißes aus dem Organismus. Aller Außenhandel wird gesperrt. Die Einfuhr liegt lahm: es fehlt der Appetit. Die Ausfuhr ist unterbrochen: der Darm ist träge. Das Gehirn erhält nur wenig Blut: der Kranke ist schläfrig und matt, das geistige Leben muß ruhen. Inter arma silent artes.

Während so in allen Werken mit Hochdruck die Waffen geschmiedet werden, gehen Mobilisation und Aufmarsch der Armeen vonstatten. In allen Landesteilen werden die Zellsoldaten ausgehoben. Die Riesenkaserne Milz schwillt an, ruft Seitenstechen des Fiebernden hervor. In den Rekrutendepots des Knochenmarks werden die neuen Soldaten ausgehoben, das Mark wird zellenreich und füllt die Knochen, daß der Kranke eine bleierne Schwere in allen Gliedern verspürt. Die Zellbesatzungen der Lymphdrüsen in der Umgebung des angegriffenen Platzes verstärken sich: die Drüsen schwellen an und schmerzen. Um die Heere der Wanderzellen aus dem Innern des Landes an den Kriegsschauplatz zu befördern, öffnen sich die Blutkanäle und Lymphstraßen, die zum Kampfplatz führen: das verletzte Glied wird blutvoll, rot und heiß: es entzündet sich.

Am Kampfplatz angekommen, wandern die Zellsoldaten durch die feinen Lücken der Adern aus dem Blute heraus und eilen dem Feinde entgegen. Von ihren Legionen erfüllt, schwillt das Gewebe. Und nun entspinnt sich unter dem Bilde der Entzündung ein Kampf, der an Strategie der allgemeinen Führung wie an spannungsreichen Einzelheiten den Völkerschlachten der Menschenkriege nicht nachsteht.

Mit allen Mitteln und Waffen vollzieht sich der Kampf Masse gegen Masse und Mann gegen Mann. Infanteristen greifen die Feinde an. Die einen gehen gegen ihre Gegner los, überfließen sie wie Amöben die Algen und fressen sie. Andere opfern heldenhaft ihr Leben dem Wohl des Vaterlandes, indem sie sich mit den Leibern ihrer Feinde füllen und dann von ihnen und ihren Giften vernichtet mit ihnen sterben. Wieder andere erzeugen Gifte in sich und spritzen sie aus über ihre Gegner, die ihm zu Haufen erliegen wie die Menschen den Dämpfen giftiger Gase (Abb. 23, Tafel VIII).

Währenddes sind die Pioniere in den rückwärtigen Linien beschäftigt Stellungen zu bauen, Dämme, Barrikaden aufzuschichten, daß der Feind nicht durchbreche, wenn er die Übermacht gewinnen sollte im Kampf, Anmarschstraßen zu bahnen für die aufmarschierenden Armeen und eine freie Bahn zu schaffen, durch die man den geschlagenen Feind aus dem Reiche vertreiben könne. Wie im Menschenkriege fallen auch hier die vom Unglück betroffenen Bewohner des Kriegsgebietes den rauhen Notwendigkeiten der Strategie zum Opfer. Ihre Häuser werden zerstört, sie selbst getötet oder vertrieben. Unbarmherzig für sie, aber wohltätig für die Gesamtheit ebnen die Pioniere unermüdlich das Gelände, indem sie es durch ätzende Verdauungssäfte zerstören, bis die ganze Wundgegend flüssig wird, und eines Tages bricht die Gasse nach außen durch, und der große strategische Zweck ist erreicht: als Eiter werden die Leichen der erlegenen Zellsoldaten und mit ihnen Myriaden lebender und toter Bazillen, werden alle zersetzenden Säfte und Leichengifte, wird das ganze Schlachtfeld mit seinen Trümmern und Fetzen ausgestoßen — eine Erlösung für den von den Giften und Fiebern, den Schmerzen und Schrecken des Zellenkampfes gepeinigten Kranken. Wie ein Land nach einer großen Vertreibungsschlacht des eingefallenen Feindes atmet er auf.

Aber noch ist der Krieg nicht entschieden; nur eine Schlacht ist gewonnen. Noch wochenlang kann sich der Kampf auf der Walstatt der eiternden Wunde hinziehen. Wie im Völkerleben gibt es ungestüm geführte, kurze Schlachtenkriege mit rasch erweichenden Wunden, brennendem Fieber, rasenden Schmerzen und baldiger Erlösung; gibt es langsam und schleichend sich hinziehende Dauerkriege ohne stürmische Kämpfe, die mit den Mitteln der Blockade durch Unterbindung der Nahrungseinfuhr und Handelsausfuhr, durch Appetitlosigkeit und Darmverhaltung, durch langsamen Knochenfraß an den Markfinanzen des Reiches, durch Verbrauch der Fettbestände des Reichshaushaltes, durch Auszehrung und schließlich durch Erschöpfung der Nervenregierung unter dem Einfluß der schleichenden Gifte bis zur Entscheidung ausgefochten werden. Siegen die Heere und Kräfte des Zellenstaates, so endet der Kampf mit der Vertreibung der Bakterien. Das verwüstete Schlachtfeld wird von den Pionieren durch Aufbau von Narbengewebe wiederhergestellt. Siegen aber die eingedrungenen Bakterien, so geht entweder dem Zellenstaat die vom Feind besetzte Provinz verloren: das Glied stirbt ab; oder die Heere der Gegner brechen siegreich in die verteidigten Dämme der Blutbahn ein und überschwemmen das Reich wie einst die Hunnenheere Europa, und der Zellenstaat findet unter der Fremdherrschaft der Bakterien durch Blutvergiftung einen vorzeitigen Tod.

So lebt der Zellenstaat der 30 Billionen unseres Leibes. Wie im Menschenstaat gibt es in ihm Volk und Regierung, Kasten und Berufe,

Rechte und Pflichten, Handel und Industrie, Wirtschafts- und Geistesleben, Wehrmacht, Krieg und Frieden, Sieg und Niederlage. Wie im Menschenstaat werden in ihm täglich Tausende geboren, sterben in ihm täglich Tausende von Bürgern. Jeder einzelne lebt in ihm sein kleines Einzelschicksal, ein schaffendes Glied in der Kette der Gesamtheit, der Staat als Ganzes aber geht unbekümmert und erbarmungslos über ihn seinen großen historischen Gang, der wie die Geschichte jeder Nation dieser Erde nach allem Werden, Sein und Siegen zuletzt einmündet in das unabwendbare allgemeine Endschicksal des Todes. Und die große Geschichte dieses 30-Billionen-Staates von Zellen ist unser Leben.

Ordentliche Veröffentlichungen des Kosmos (12 Hefte und 4 Buchbeilagen jährlich M 9.60, in Österreich-Ungarn nach Kurs) 1919, Band IV.
Für Österreich-Ungarn für Herausg. u. Red. verantwortlich Th. Reiß, Wien III.

Tafel 1.

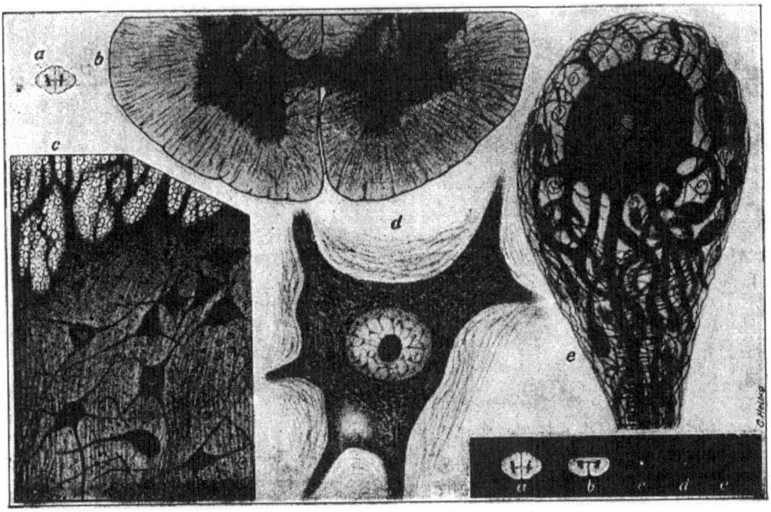

Abb. 3. **Die Auflösung des menschlichen Körpers unter dem Mikroskop in Zellen**, demonstriert an einem Stück Rückenmark. a) in natürlicher Größe, b) bei 10facher, c) 100facher, d) 1000facher, e) 2000facher Vergrößerung. Rechts unten sind die natürlichen Maße der abgebildeten Teile wiedergegeben. d und e sind 2 verschiedene Nervenzellen und mit freiem Auge fast unsichtbar.

Vergrößerung (1500 x 960 px, 472 kB).

Tafel 2.

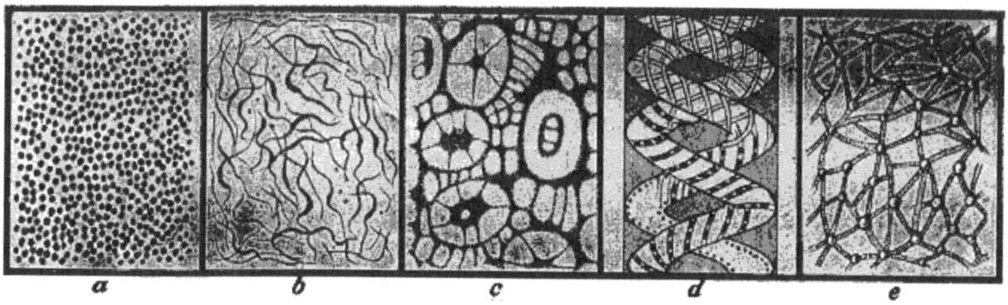

Abb. 4.

Vergrößerung (1500 x 432 px, 210 kB).

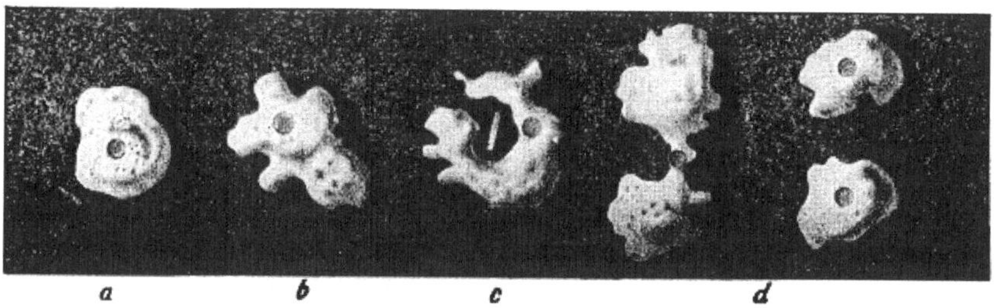

Abb. 6.

Vergrößerung (1500 x 437 px, 185 kB).

Abb. 4. **Der Bau des Plasmas** nach: a) Altmanns Körnertheorie; b) Flemmings Fadentheorie; c) Künstlers Mosaiktheorie; d) Fayods Spiraltheorie; e) Bütschlis Schaumtheorie.

Abb. 6. **Amöbe** in: a) Ruhe; b) Bewegung; c) Ernährung; d) Fortpflanzung.

Tafel 3.

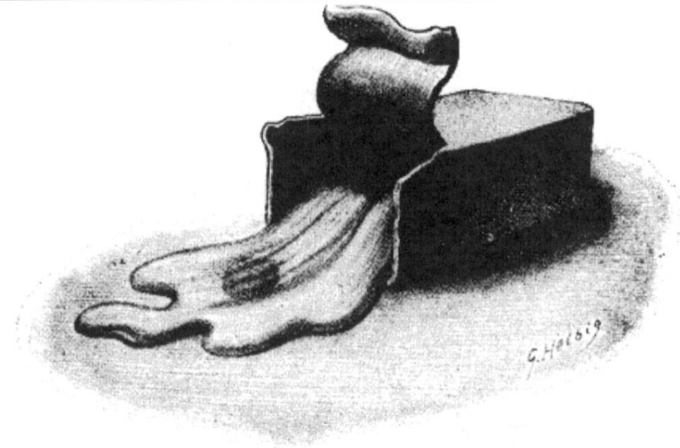

Abb. 8.

Abb. 9.

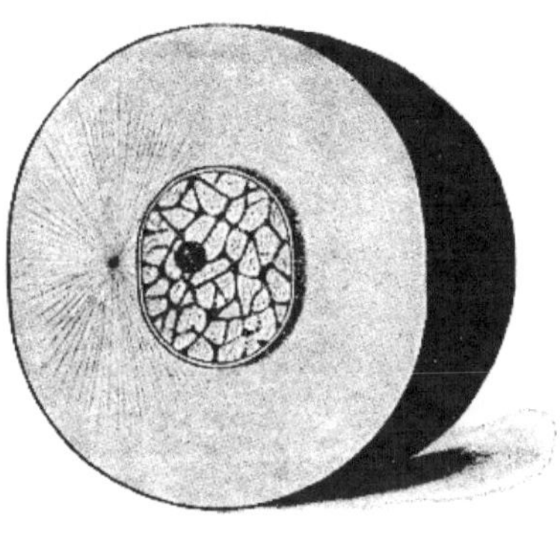

Abb. 10.

Abb. 8. **Pflanzenzelle.** Abb. 9. **Tierzelle.** Abb. 10. **Durchschnitt durch eine menschliche Zelle.**

Tafel 4.

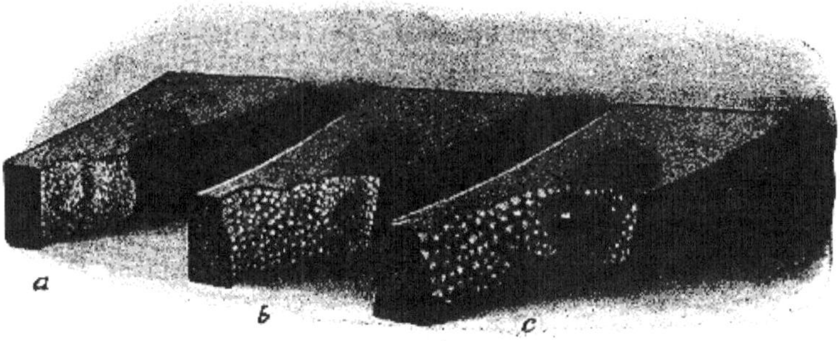

Abb. 11.

Vergrößerung (1500 x 601 px, 176 kB).

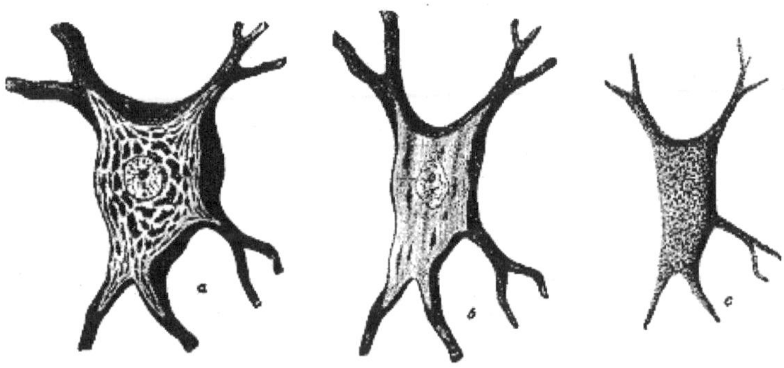

Abb. 12.

Vergrößerung (1500 x 622 px, 74 kB).

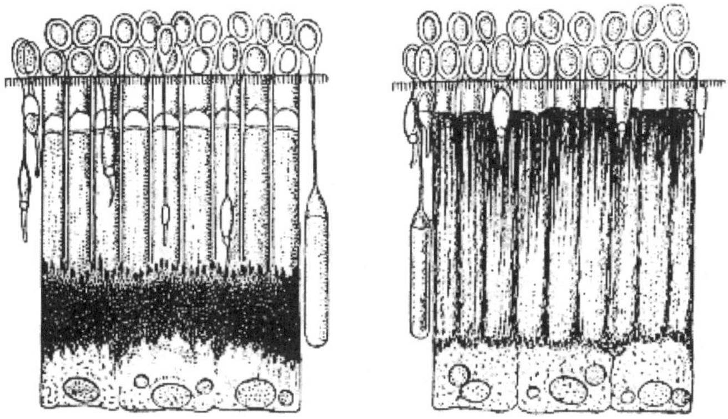

a b

Abb. 13.

Vergrößerung (1500 x 765 px, 142 kB).

Abb. 11. **Drüsenzelle.** a) in Ruhe; b) zu Beginn c) auf der Höhe der Drüsentätigkeit.

Abb. 12. **Nervenzelle.** a) des Morgens in ausgeruhtem, b) des Abends in erschöpftem, c) in erstorbenem Zustand.

Abb. 13. **Pigmentkörner in der Netzhaut des Auges.** a) im Dunkeln (die Pigmentkörner liegen am Grund der Zelle); b) im Licht (die Pigmentkörner sind zum Schutz der Sehzellen hinaufgewandert.)

Tafel 5.

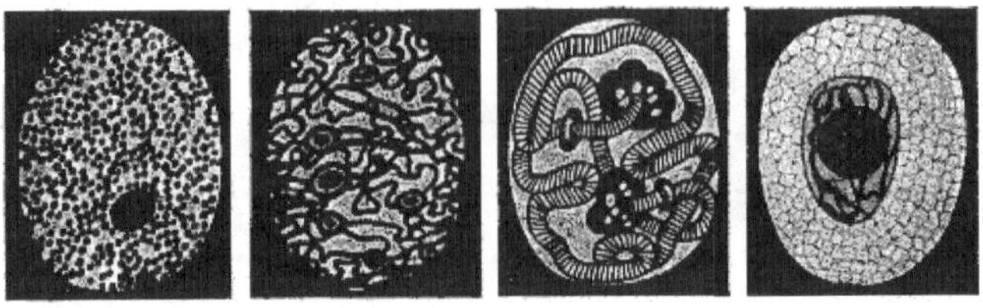

Abb. 16.

Vergrößerung (1500 x 430 px, 378 kB).

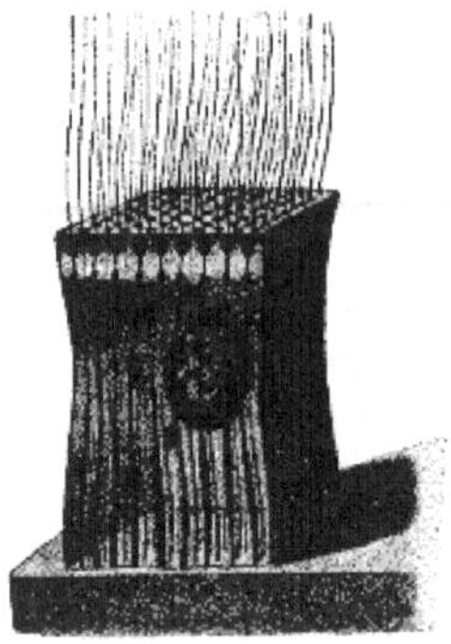

Abb. 14.

Vergrößerung (750 x 687 px, 186 kB).

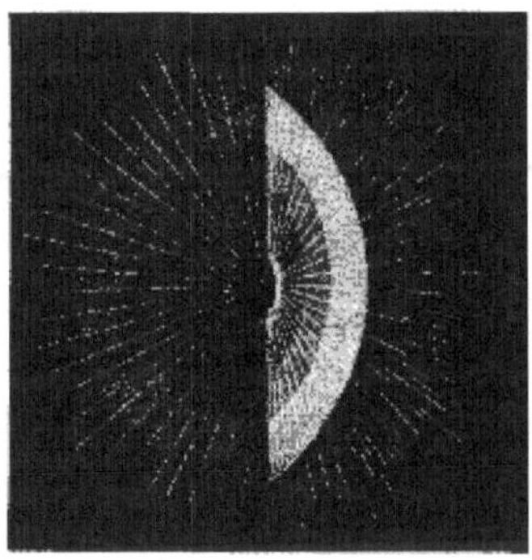

Abb. 15.

Vergrößerung (750 x 653 px, 223 kB).

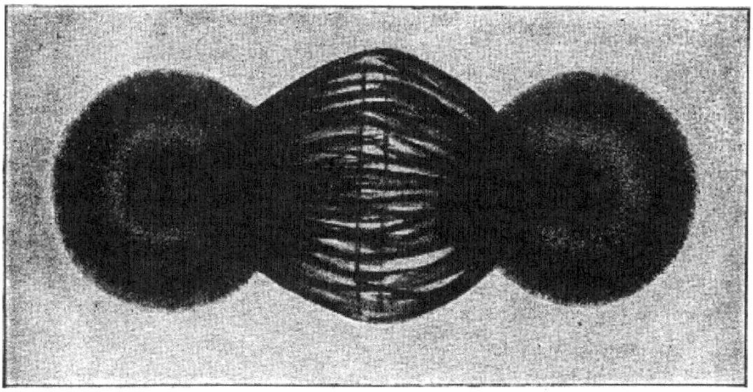

Abb. 18.

Vergrößerung (1500 x 720 px, 264 kB).

Abb. 14. **Wimperzelle mit Reizkörnersystem** (unt. Ben. einer Abb. aus Schneider, vergl. Histologie.)

Abb. 15. **Schema des Zentralkörpers** in sehr starker Vergrößerung.

Abb. 16. **Der feinere Bau des Zellkerns** bei mehr als 1000facher Vergrößerung (4 Abb. aus Heidenhain, Plasma und Zelle.)

Abb. 18. **Künstliche Zellteilungsfigur** nach Leduc.

Tafel 6.

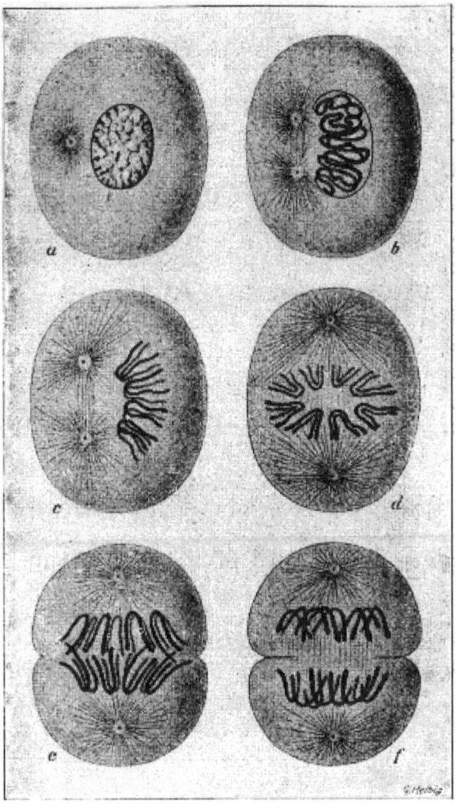

Abb. 17. **Die Teilung der Zelle.**

Vergrößerung (875 x 1500 px, 393 kB).

Tafel 7.

Abb. 22a.

Vergrößerung (1500 x 637 px, 208 kB).

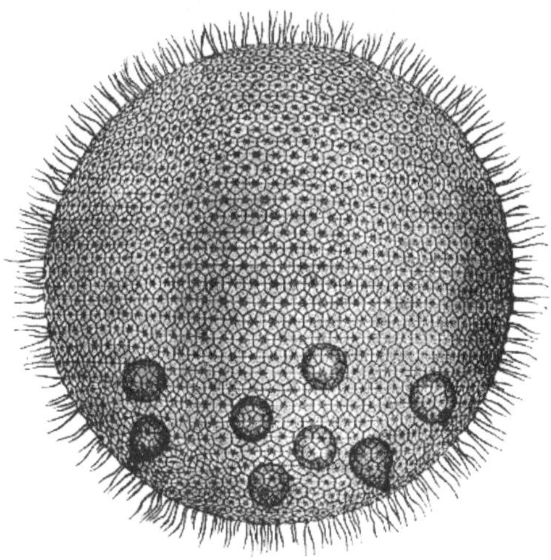

Abb. 22d.

Vergrößerung (1500 x 1276 px, 356 kB).

Abb. 22. **Die 4 Stufen der Zellgemeinschaft.** a) Zeitweiliger Verband von Amöben durch Zusammenfließen; b) Offene Kolonie durch gemeinsamen Wohnsitz (Glockentierchen) siehe Textabbildung S. 56; c) Geschlossene Kolonie durch auflösbare Kugelgemeinschaft von Wimperzellen (Norwegische Flimmerkugel) siehe Textabbildung S. 57; d) Organismusbildung durch untrennbare Verwachsung und Arbeitsteilung von Wimperzellen (Volvox).

Tafel 8.

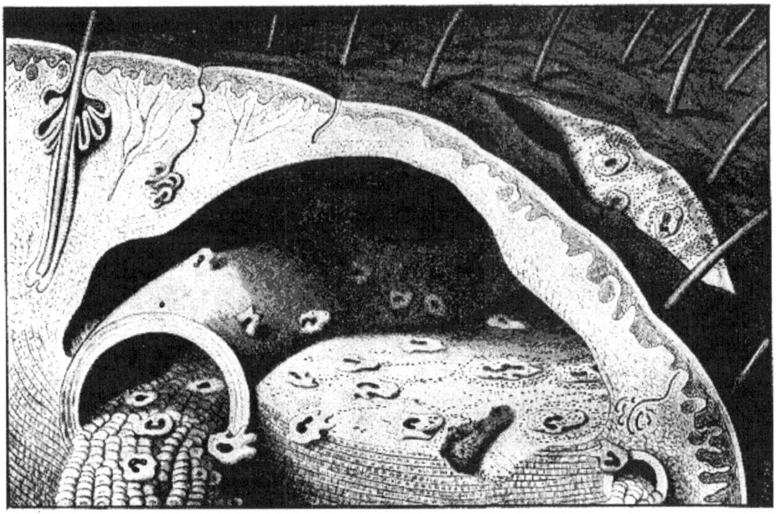

Abb. 23. **Kampf im Zellenstaat** zwischen eindringenden Bakterien und verteidigenden Wanderzellen.

Vergrößerung (1500 x 961 px, 475 kB).